三维扫描数字建造

Three-dimensional Scanning Digital Construction

龚 剑 左自波 主编

Jian Gong，Zibo Zuo

中国建筑工业出版社

China Architecture & Building Press

图书在版编目（CIP）数据

三维扫描数字建造/龚剑，左自波主编. —北京：中
国建筑工业出版社，2020.6
ISBN 978-7-112-24934-3

Ⅰ. ①三… Ⅱ. ①龚…②左… Ⅲ. ①三维-激光
扫描-应用-建筑工程-工程管理 Ⅳ.①TU71②TN249

中国版本图书馆 CIP 数据核字（2020）第 037669 号

本书介绍的三维扫描数字建造技术为建筑施工提供了一种全新的思路和技术手段，有
助于提升工程建设的自动化、信息化水平，促进建筑业转型升级。全书共分为 5 章，包
括：三维扫描数字建造技术发展、三维扫描数字建造基础技术、三维扫描测量重构技术、
三维扫描质量检测技术、三维扫描变形监测技术。本书内容全面，书中列出了 40 余项典
型工程三维扫描应用案例，具有较强的指导性和可操作性。

本书可供高等院校相关专业师生、科研和工程实践人员参考使用。

责任编辑：王砾瑶　范业庶
责任校对：张惠雯

三维扫描数字建造

龚　剑　左自波　主编

*

中国建筑工业出版社出版、发行（北京海淀三里河路9号）
各地新华书店、建筑书店经销
霸州市顺浩图文科技发展有限公司制版
北京中科印刷有限公司印刷

*

开本：787×1092毫米　1/16　印张：14　字数：342千字
2020年5月第一版　2020年5月第一次印刷
定价：**79.00**元
ISBN 978-7-112-24934-3
（35679）

3

上海奥研信息科技有限公司
Technische Universität Dresden
清华大学
The Ohio State University
上海市园林设计研究总院有限公司
上海市建筑装饰工程集团有限公司
上海市机械施工集团有限公司
上海建工材料工程有限公司
上海市测绘院
东南大学
山东科技大学
上海交通大学建筑文化遗产保护国际研究中心
上海华测导航技术股份有限公司
青岛秀山移动测量有限公司
上海勘察设计研究院（集团）有限公司
上海建工一建集团有限公司
上海建工四建集团有限公司
上海建工五建集团有限公司
上海绿地建筑钢结构有限公司
立得空间信息技术股份有限公司
北京金景科技有限公司

前　言

　　长期以来，传统建筑业的施工现场劳动密集、机械化及自动化程度不高，造成资源浪费、环境污染、质量及安全事故频发等问题，同时建筑工人加速老龄化以及向互联网等新兴产业迁移，造成熟练劳动力短缺。因此，迫切需要引入新的技术手段，改变落后的生产方式，促进建筑业的发展和转型升级。信息化已经成为传统建筑业转型升级的重要手段之一，也是建筑业国家"十三五"规划三大发展方向之一。数字建造是信息化施工的最重要方向，其主线则是将三维扫描、三维打印、机器人、物联网、大数据、人工智能等数字技术或手段与施工技术深度融合。

　　三维扫描作为数字建造应用相对成熟的技术之一，成为数字时代高精度刻画复杂现实世界最为直接和重要的手段。与全站仪等传统单点测量方法不同，采用该技术可大面积（测距可达 600km，水平视角可达 360°，竖向视角可达 320°）、高精度（测距精度达 1mm/50m，角度精度达 0.0002°）、非接触快速（扫描速率达每秒百万个点）获取被测对象表面的三维坐标数据等信息，并且可直接实现各种大型的、复杂的、不规则或非标准的实体或实景三维数据完整的采集，突破了传统测量方法的局限性，因此被广泛应用于工程建设领域。

　　尽管三维扫描在国内外得到了广泛的应用，但由于其是新兴技术，目前在建筑领域缺乏系统完善的凝练总结，尚未形成共识的技术标准或使用指南。为此我们组织全国和一些国际学者编写了《三维扫描数字建造》一书。全书共 5 章，第 1 章介绍三维扫描数字建造概念、原理及应用方向，三维扫描数字建造技术最新研究进展和发展趋势；第 2 章介绍三维扫描数字建造基础技术，包括扫描基本原理、扫描仪系统、数据采集技术、数据处理技术以及扫描精度分析与控制；第 3 章～第 5 章分别介绍三维扫描测量重构技术、三维扫描质量检测技术和三维扫描变形监测技术，各技术的基本原理及应用注意事项，以及场景重现及规划设计、复杂结构施工三维测绘、施工方案虚拟仿真优化、施工计量及测量控制、施工过程可视化管理、施工三维数字模型存档、既有建筑改造深化设计、施工运维数字化管理、建构筑物灾害应急分析、施工偏差分析及控制、施工期建筑及构件质量检测、施工竣工验收检测、预制结构加工质量检测及虚拟拼装、运营期损伤检测及维护管理、施工期三维变形监测、运营期三维变形监测、非建筑类三维变形监测及安全预测和大型科学试验变形监测等应用方向，并给出了 40 余项典型工程应用案例，代表性案例有：上海迪士尼乐园、国家会展中心地下通道、泉州 3D 打印桥、玉佛寺、崇礼冬奥会滑雪副场馆、上海西站、金砖国家银行、安徽金寨地标、外滩建筑群、广安白塔、九棵树上海未来艺术中心、滕州马河水库、瑞金医院质子中心、河北凤凰谷、上海西藏路电力隧道等。

　　本书介绍的三维扫描数字建造技术为建筑施工提供了一种全新的思路和技术手段，有利于工程建设项目更好地应用数字建造技术，有助于促进三维扫描技术在建筑业的普及和推广应用，以此提升工程建设的自动化、信息化水平以及精益建造水平，促进建筑业转型升级。数字化的广度正前所未有地拓展，本书的关键技术具有广阔的应用前景，并可扩大推广应用于智慧城市、数字中国和数字地球的建设。本书可供相关行业教学、科研和工程实践工作者参考借鉴。

本书得到了国家重点研发计划项目"建筑工程施工风险监控技术研究"（2017YFC0805500）、"国产空地全息三维遥感系统研制及产业化"（2016YFF0103500）和"新型城镇化建设与管理空间信息综合服务及应用示范"（2018YFB0505400），以及住房和城乡建设部科研项目"基于三维激光扫描的数字化建造技术研究"（K82017125）等项目的资助，书中关键技术被认定为上海市高新技术成果转化项目"基于三维激光扫描的数字化建造技术服务"（201901084），本书成果入选为上海市高级专业技术人员继续教育专业科目的培训课件。并得到了国内和一些国际数字建造方面的专家大力支持，编者借此向所有为本书做出贡献的同志致以衷心感谢。

由于水平和时间有限，书中难免存在疏忽和不妥之处，恳请读者批评指正，以便再版时修订。

本书编委会
2019 年 8 月

PREFACE

For a long time, the construction site of traditional construction industry is labor-intensive, mechanization and automation are not high, which causes problems such as waste of resources, environmental pollution, frequent quality and safety accidents, etc. In addition, construction workers are accelerating their aging and migrating to emerging industries such as the Internet, resulting in a shortage of skilled labor. Therefore, it is urgent to introduce new technology to change backward mode of production, so as to promote the development, transformation and upgrading of the construction industry. Informatization has become one of the important means of transformation and upgrading of traditional construction industry, and it is also one of the three major development directions of Chinese 13th Five-Year Plan for the construction industry. Digital construction is the most important direction of information construction, its main line of development is the in-depth integration of construction technology with digital technologies or means such as three-dimensional (3D) scanning, 3D printing, robots, the Internet of Things, big data, artificial intelligence, etc.

In the digital age, as one of the relatively mature technologies for the application of digital construction, 3D scanning has become the most direct and important means for accurately portraying the complex real world. Unlike traditional single-point measurement methods such as total stations, by using this technology, the information such as 3D coordinate data of the surface of the measured object can be quickly obtained in a large area (ranging up to 600km, horizontal viewing angles up to 360°, vertical viewing angles up to 320°), with high accuracy (ranging accuracy up to 1mm/50m, angular accuracy up to 0.0002°), and without contact (scanning rate up to millions of points per second), and it can directly reproduce a variety of large, complex, irregular or non-standard physical model or real scene. It breaks through the limitations of traditional measurement methods and is therefore widely used in the field of engineering construction.

Although 3D scanning has been widely used at home and abroad, due to its emerging technology, it currently lacks a systematic and concise summary in construction industry, and no consensus technical standard or use guide has been formed. To this end, we organized national and international scholars to write a book called *Three-dimensional Scanning Digital Construction*. The book has a total of 5 chapters.

Chapter 1 describes the concept, principle and application direction of 3D scanning digital construction, and gives the latest research progress and development trend of digital construction technology based on 3D scanning.

Chapter 2 introduces the basic technologies of 3D scanning digital construction, including the basic principles of scanning, scanner systems, data acquisition technology, data processing technology, and scanning accuracy analysis and control.

Chapters 3 to 5 focus on 3D scanning measuring reconstruction technology, 3D scanning quality detection technology, and 3D scanning deformation monitoring technology. The basic principles and application notes of each technology are given. The application directions of the three technologies are described, including scene reconstruction for planning and design, 3D mapping of complex structures construction, virtual simulation optimization of construction plan, construction measurement and measurement control, visual management of construction processes, archiving of 3D digital models for construction, deepening design of existing building renovation, digital management of construction operation & maintenance, emergency analysis of building disasters, analysis and control of construction deviation, quality inspection for building and component during construction, acceptance test for construction completion, quality inspection and virtual assembly of prefabricated structures, damage detection and maintenance management during operation, 3D deformation monitoring during construction, 3D deformation monitoring during operation, 3D deformation monitoring and safety prediction for non-building, and deformation monitoring in large scientific experiments, etc. In addition, more than 40 typical engineering application cases are given. Representative cases include Shanghai Disneyland, National Convention and Exhibition Center Underpass, Quanzhou 3D Printed Bridge, Jade Buddha Temple, Chongli Winter Olympic Ski Resort, Shanghai West Railway Station, New Development Bank, Anhui Jinzhai Landmark, Bund Buildings, White Pagoda in Guang'an, Nine Trees Future Art Center, Tengzhou Mahe Reservoir, Ruijin Hospital Proton Center, Hebei Phoenix Valley, and Tibet Shanghai Road Power Cable Tunnel, etc.

The digital construction technology based in 3D scanning introduced in this book provides a new way of thinking and technical means for construction, which is conducive to the better application of digital construction technology in construction projects, and helps to promote the popularization and application of 3D scanning technology in the construction industry. This will improve the level of automation, informatization and lean construction of engineering construction, and promote the transformation and upgrading of the construction industry. The breadth of digitization is expanding like never before, the key technologies in this book have broad application prospects, and these technologies can also be expanded and applied to smart cities, digital China and digital earth. This book can be used as a reference for teaching, research and engineering practitioners in related industries.

This book has been funded by research projects, including National Key R & D Project of China (NO. 2017YFC0805500, 2016YFF0103500, 2018YFB0505400) and Ministry of Housing and Urban-Rural Development of the People's Republic of China (NO.

K82017125). The key technology in the book was identified as the Shanghai High-tech A-chievement Transformation Project "Digital Construction Technology Service Based on 3D Laser Scanning (201901084)". Some of the achievements in this book have been selected as training courseware for continuing education majors of senior professional and technical personnel in Shanghai. This book is strongly supported by domestic and international experts in digital construction. We sincerely thank all the comrades who contributed to this book.

Due to the limited level and time, it is inevitable that there are omissions and errors in the book. Readers are urged to criticize and correct it so that it can be revised when it is republished.

Book Editorial Board

August 2019

目 录 Contents

第 1 章

三维扫描数字建造技术发展

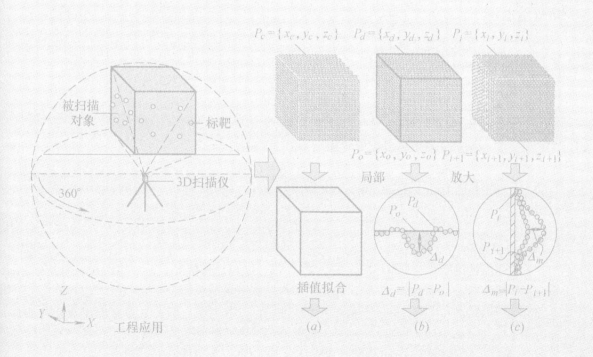

1.1 概述

三维扫描作为数字建造应用相对成熟的技术之一，与全站仪等传统单点测量方法不同，采用该技术可大面积、高精度、非接触快速获取被测对象表面的三维坐标数据等信息，并且可直接实现各种大型的、复杂的、不规则或非标准的实体或实景三维数据完整的采集，突破了传统测量方法的局限性，因而在土木工程、采矿工程、船舶工程、工业制造、数字城市、城市规划、虚拟现实、文物保护、数字医学、军事分析、电脑游戏、电影特技等领域得到了广泛的应用。

主要优势	具 体 性 能
大面积	测距可达 600km，水平 360°，竖向 320°
高精度	测距精度达 3mm/100m，角度精度达 0.0005°
非接触快速	扫描速率达每秒百万个点
自动化	立体实物扫描，自动地获取被测对象表面 3D 坐标点云数据
较强适应性	深入复杂现场环境，可直接实现各种大型、复杂、不规则、标准或非标准的实体或实景三维数据完整的采集
数据可拓展	3D(三维)点云数据可进行后处理分析，如测绘、计量、分析、模拟、展示、监测、虚拟现实等
数据可兼容	3D 数据输出格式支持 CAD、3D 动画、BIM 等软件识别

本章介绍三维扫描数字建造的概念及原理、国内外研究现状和发展趋势，以便从宏观上了解三维扫描数字建造的内涵和应用方向。

本章重点：

- 三维扫描数字建造概念
- 测量重构原理
- 质量检测原理
- 变形监测原理
- 应用技术路线
- 三维扫描数字建造应用发展趋势

1.2 三维扫描数字建造概念及原理

1.2.1 概念

三维扫描是指集光（或超声波、射线等）、机、电和计算机等于一体的新兴技术，主要用于扫描获取物体或环境的空间坐标、色彩和反射强度等信息。

三维扫描仪分为接触式和非接触式两种（图 1-1、图 1-2），前者分为三坐标测量机、铣削测量机，后者分为三维激光扫描仪、拍照式扫描仪、摄像式扫描仪（双目立体视觉扫描仪）、多波束测深系统、CT（Computed Tomography）扫描仪、三维地质雷达等。接触式三维扫描仪优点是精度极高（可达微米级）、适合小尺度物体测量，缺点是扫描速度慢、对被扫描对象类型有限制（如不能扫描柔软物体）；非接触式三维扫描仪优点是精度较高（可达毫米级）、速度快，适合大尺度物体测量，缺点不适合非常小的尺度物体测量。

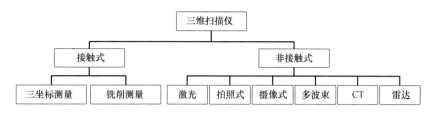

图 1-1　三维扫描仪分类

三维扫描数字建造是指以三维扫描技术为基础，协同 BIM（Building Information Modeling，建筑信息模型）、物联网、机器人、人工智能等数字技术，引领产业转型升级的颠覆性新技术，旨在为建构筑物规划设计、生产、施工和运维全生命周期建造过程增值。

由于土木建筑行业被扫描对象通常为大尺度实体或场景，扫描精度要求较高，因此全书涉及的三维扫描数字建造多数是以非接触式三维激光扫描技术为基础。

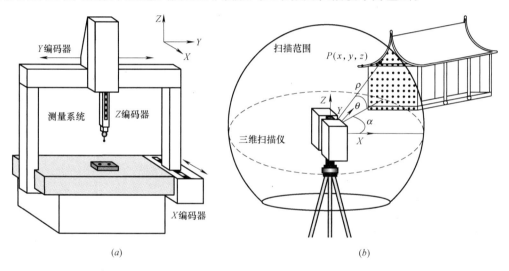

图 1-2　两类三维扫描仪示意图
（a）接触式；（b）非接触式

1.2.2　基本原理

综合三维激光扫描技术在土木建筑工程的研究与应用，三维扫描数字建造技术的原理可概括如图 1-3 所示。由图可见，根据应用的原理不同可将其应用方向划分为 3 类：测量重构、质量检测和变形监测。

（1）测量重构，即采用三维扫描技术进行测量获取对象三维点云数据 $\boldsymbol{P}_c$，通过 $\boldsymbol{P}_c$ 的插值拟合，实现被扫描对象三维模型的重构，其中，$\boldsymbol{P}_c = \{x_c, y_c, z_x\}$。

（2）质量检测，即通过所采用三维扫描技术获得对象（被扫描对象为生产加工完成后或运营后损伤后检测对象）三维点云数据 $\boldsymbol{P}_d$ 与被扫描对象的模型（设计模型或投入使用前的模型）坐标 $\boldsymbol{P}_o$ 的比较分析，得到被扫描对象设计与生产或运营期间与出厂前的偏差

三维扫描数字建造

Δ_d，实现被扫描对象的质量检测。偏差 Δ_d 按式（1-1）计算：

$$\Delta_d = |\boldsymbol{P}_d - \boldsymbol{P}_o| \tag{1-1}$$

式中，$\boldsymbol{P}_d = \{x_d, y_d, z_d\}$，$\boldsymbol{P}_o = \{x_o, y_o, z_o\}$。

（3）变形监测，即通过依次持续变化的三维点云数据 $\boldsymbol{P}_i$（$t=i$ 时刻被扫描对象点云数据）与 $\boldsymbol{P}_{i+1}$（$t=i+1$ 时刻被扫描对象点云数据）比较分析，得到被扫描对象的变化（变形）$\Delta_m = |\boldsymbol{P}_i - \boldsymbol{P}_{i+1}|$。变形 Δ_m 按式（1-2）计算：

$$\Delta_d = |\boldsymbol{P}_d - \boldsymbol{P}_o| \tag{1-2}$$

式中，$\boldsymbol{P}_i = \{x_i, y_i, z_i\}$，$\boldsymbol{P}_{i+1} = \{x_{i+1}, y_{i+1}, z_{i+1}\}$。

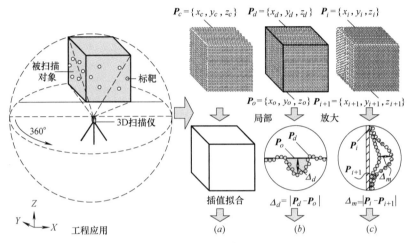

图 1-3　三维扫描数字建造基本原理
（a）测量重构；（b）质量检测；（c）变形监测

1.2.3　应用方向

汇总国内外三维扫描技术在土木工程中的应用研究案例，如表 1-1 和图 1-4 所示。应用案例分析表明：测量重构技术，在历史建筑归档、建筑施工测量、管线竣工模型重建、边坡地质调查测量等方向得到成熟广泛的研究和应用；在数字化城市场景重建、道路养护测量和岩土体土性测量等方向由于需与车载或机载技术集成，以及在地下空间及岩体性状测量等方向由于环境复杂，这些方面的应用尚属于试验性应用阶段；将测量重构技术与 BIM 技术的结合，将是数字化管理方面研究与应用的重要方向。

质量检测技术，在钢结构施工竣工检测、隧道工程结构巡查和维护、边坡开挖面质量评价、历史建筑结构安全检测等方向得到较为广泛的研究与应用；在混凝土结构或构件质量检测和评估方向有一定的应用，但仅侧重于构件外表面的检测，若需检测构件内部质量状况，则需结合红外成像等技术；在城市基础设施损伤检测方向尚处于探索阶段，有必要进一步深入研究。

变形监测技术，在超高层建筑、隧道、基坑变形监测等方向得到一定研究与应用，但仅限于数据监测分析的单一应用，尚缺乏在监测预警与评估方面的研究与应用，有必要融合数值分析等技术探讨三维扫描监测数据的施工安全预警与评估方法，总体而言，尚处于试验阶段，有待进一步研究。

4

三维扫描技术在土木建筑工程的应用方向及案例　　　　表 1-1

类别	应用方向	背景工程	应用阶段	文献
测量重构	建筑测量和 BIM 的数字化管理	德国布克斯泰胡德市政府改建工程	探索研究	[1]
	历史建筑数字化归档模型重建	约旦历史文化保护建筑沙漠宫殿	广泛应用	[2]
	建筑施工过程测量控制	巴西圣保罗某高层建筑施工	广泛应用	[3]
	建筑施工环境测量及方案优化	上海世茂深坑酒店施工	广泛应用	[4]
	建筑施工竣工测量验收	广州市南丰国际会展中心施工	广泛应用	[5]
	地形可视化测绘	四川省肖家桥堰塞湖测绘	广泛应用	[6]
	数字化城市道路及建筑场景重建	奥地利维也纳某城市数字化建设	试验应用	[7]
	铁路设施和环境模型重建	芬兰科凯迈基铁路设施数字化	广泛应用	[8]
	道路养护路面裂纹测量	美国德克萨斯大学校园路面	试验应用	[9]
	地下空间设施普查测量	某市地下建筑物普查项目	试验应用	[10]
	岩土工程岩土体结构性状测量	美国新墨西哥州某试验项目	试验应用	[11]
	滑坡体体积测算	台湾西北部地区滑坡体体积测量	广泛应用	[12]
	边坡地质调查测量	四川锦屏一级电站进水口边坡	广泛应用	[13]
	管线设施施工竣工模型重建	韩国丽水某化工厂管线设施	广泛应用	[14]
质量检测	工业化建筑预制构件尺寸及表面缺陷检测	韩国科学技术高级研究院测试	试验应用	[15]
	建筑、桥梁和地铁隧道的混凝土构件健康评估	德国汉诺威莱布尼兹汉诺威大学	试验应用	[16]
	建筑钢结构施工竣工检测	加拿大多伦多市中心电厂项目施工	广泛应用	[17]
	历史建筑修缮结构安全检测	比利时鲁汶圣雅各布教堂西塔修缮	广泛应用	[18]
	施工期建筑及构件质量检测管理	意大利米兰比科卡公寓项目	试验应用	[19]
	城市基础设施损伤检测与数据实时更新管理	新加坡 ETH 中心未来城市实验室	探索研究	[20]
	运营期隧道工程结构巡查和维护	韩国某隧道工程	广泛应用	[21]
	水利工程边坡开挖面质量评价	巧家县与宁南县交界水电站	广泛应用	[22]
变形监测	超高层建筑施工变形监测	马来西亚吉隆坡 KLCC 塔施工	试验应用	[23]
	古建筑变形监测	北京先农坛太岁殿古建筑监测	试验应用	[24]
	基坑工程施工变形监测	保利大厦基坑监测	试验应用	[25]
	地表、建筑和滑坡变形监测	西班牙测绘学院/比利牛斯滑坡	试验应用	[26]
	隧道全断面变形监测	上海市西藏路电力隧道	广泛应用	[27]
	桥梁形变监测	南通通扬线如海大桥	试验应用	[28]
	土石坝变形监测	郑州市尖岗水库大坝	试验应用	[29]

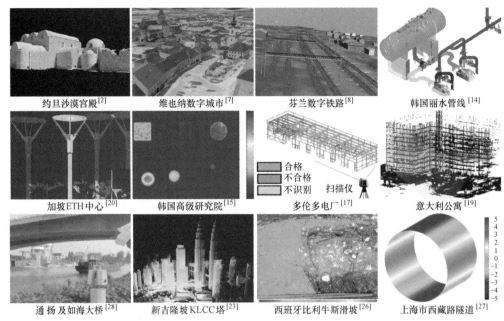

约旦沙漠宫殿[2]　　维也纳数字城市[7]　　芬兰数字铁路[8]　　韩国丽水管线[14]

加坡ETH中心[20]　　韩国高级研究院[15]　　多伦多电厂[17]　　意大利公寓[19]

通扬及如海大桥[28]　　新吉隆坡KLCC塔[23]　　西班牙比利牛斯滑坡[26]　　上海市西藏路隧道[27]

图1-4　三维扫描技术在土木工程的应用案例汇总

1.3　三维扫描数字建造研究现状

1.3.1　国外现状

1. 测量重建

在测量重建基础理论及应用研究方面，Brell 等[30] 研究了融合机载激光扫描和高光谱成像传感器三维高光谱点云的技术，应用于环境和城市科学中光谱和 3D 高程信息的组合。Huang 等[31] 研究了基于机载三维激光扫描点云的建筑屋顶 3D 模型自动重建的统计框架。Ergun[32] 研究了一种基于三维激光扫描数据的新型三维几何对象过滤功能方法，并将其应用于室内模型的重建。Jung 等[33] 研发了多个激光测距仪孔线校准的动态三维激光扫描系统，用于室内场景模型的重建。Lee 等[34] 将三维激光扫描技术用于建筑物内部的重建，以获取精确的改良工程图纸。Ehm 等[1] 阐述了采用三维激光扫描技术重建历史保护 BIM 的方法流程，以便于设施管理。Al-kheder 等[2] 研发了基于三维激光扫描和数码摄影的信息文件系统，用于约旦沙漠宫殿历史建筑模型的重建。Du 等[12] 提出了基于三维激光扫描和 GPS（Global Positioning System，全球定位系统）获取滑坡数据和测算土方量的方法。Son 等[14] 提出了基于三维激光扫描技术和 3D CAD 数据库的工业设施竣工模型重建方法。Zhu 等[35] 研究了基于开放地理空间数据来源的自动化三维场景（道路及建筑）重建方法，数据来源包括：机载三维激光扫描和二维地形数据库。Bosché[19] 研究了基于三维激光扫描获取 3D 或 4D 建筑施工模型的平面配准方法，以便于建筑设施的管理。Ouyang 等[36] 提出了基于三维激光扫描图像测量地面开裂的方法，通过路面状况的测量进行路面的养护，以确保驾驶舒适度和交通安全。Lee 等[37] 研究了基于三维激光扫描数据的已建管道骨架三维模型重建技术。Zhu 等[8] 将机载和移动三维激光扫描技术应用于铁路环境的三维模型重建。Urcia 等[38] 将三维激光扫描应用于 3D 打印世界文化遗产狮身人面像模型的重构。Dorninger 等[7] 提出了一种从空中获取点云数据自动构建城市 3D 数字模型的综合方法，应用于奥地利维也纳城市数字化建设。Guan 等[39] 提出一种逐步识别移动激光扫描点云道路标记的程序，为道路环境三维模型信息的快速获取提供有效解决方案。Gui 等[40] 研究了基于高通滤波和稀疏分析的三维激光扫描路面数据分量分解模型，为道路维护和管理过程中道路缺陷的提取识别提供有效手段。Xie 等[41] 研究提出了一种处理机载激光扫描和摄影测量建筑物边界噪点点云的分层正则化方法，为多边形模型三维重建的应用提供了基础。Liu 等[42] 研究了基于三维激光扫描的空间结构构件尺寸精度和结构性能评估方法，应用于异形钢结构工程。Wang 等[43] 研发了一种基于双目立体视觉系统和激光线投影仪的手持式 3D 激光扫描系统，可用于大型物体的现场测量。Moon 等[44] 提出了融合无人机摄影测量图片和激光扫描点云的数据处理方法，应用于土石方的测量，解决了传统激光扫描不适用于复杂场地土石方工程测量的局限性。Maruyama 等[45] 研究了基于人体行为模拟的三维环境下人员摔倒风险评估系统，通过三维激光扫描获取场景模型，应用于施工现场人员安全管理。Li 等[46] 研发了利用低成本无人机进行三维森林测绘的激光扫描系统，并在江苏盐城市东台林场进行了实验。Wang 等[47] 通过三维激光扫描技术获取岩石三维模型，应用于注入速率对人工横向叠层岩石水力压裂性能影响的实验研究。

2. 质量检测

在质量检测基础理论及应用研究方面，Qin 等[20] 提出了一种基于三维激光扫描点云和地面图像检测街道表面变化的新方法，该方法可用于 3D 街道数据更新，城市基础设施管理和复杂城市场景损伤的检测。Kim 等[15] 研究了利用 BIM 和三维激光扫描技术检测预制混凝土构件尺寸和表面质量的评估系统和实用方法。Yoon 等[21] 采用三维激光扫描数据获取混凝土隧道衬砌的特征，应用于运营期地下结构的日常巡查和维护。Yang 等[16] 将三维激光扫描技术用于混凝土构件健康评估模型的构建，以及有限元模型的计算，以期用于桥梁、建筑物和地铁等的检测和评估。Bosché 等[17, 48] 研究了基于三维激光扫描技术的 3D CAD 模型自动识别可视化，以及施工中已建结构尺寸质量评估和控制的计算方法，并将该方法用于工业建筑钢结构构架的竣工检测。Schueremans 等[18] 以 Saint-Jacobs 教堂为例，将三维激光扫描技术用于砖石拱顶的安全检测评估。Zhang 等[49] 提出了基于 3D 激光轮廓分析技术自动检测路面裂缝和变形缺陷的方法。Yoon 等[50] 将三维激光扫描技术应用于桥梁预制构件预拼接和预制结构连接件位置的优化。

3. 变形监测

在变形监测基础理论及应用研究方面，Lee 等[23] 以马来西亚吉隆坡在建的 58 层（257m）建筑为例，探讨了利用 3D 激光扫描技术勘测高层建筑位移的方法。Monserrat 等[26] 研究了采用三维激光扫描数据和最小二乘法 3D 表面匹配的变形测量方法，其流程包括三维激光扫描数据获取，点云全局匹配，以及局部表面匹配的变形参数估算等，并将该方法用于监测地表、建筑和滑坡的变形。Fanos 等[51] 基于机载及地面三维激光扫描和地理信息系统 GIS（Geographic Information System）技术，提出了一种基于装袋神经网络（BBNN）的落石风险识别方法，并将该方法应用于马来西亚 Kinta 山谷城市。Lou

等[52] 研究了一种快速提取移动激光扫描铁路数据的算法,并用于铁路轨道的定期检查、维护和更新。

4. 三维扫描基础理论与应用

在三维扫描基础理论及应用研究方面,Elseberg 等[53] 研究了用于移动三维激光平台精确计算最大似然估计 3D 点云的算法,以期提高其测量精度。Abed 等[54] 研究了基于机载激光扫描技术的三维物体划分全波形校准方法,用于城市功能信息化划分。Sun 等[55] 设计和实现了集成多传感器的三维激光扫描数据采集系统,提高了测量应用场景。Lagüela 等[56] 研究了基于三维激光扫描和热成像技术的建筑能源效率分析方法。Yang 等[9] 研究了摄像机图像与三维激光扫描数据融合及匹配技术,为城市环境中广泛基础设施三维场景定位提供了基础。Emam 等[10] 研究了采用抖动技术提高三维激光扫描模型重建精度的方法。Yuan 等[11] 研究了基于多尺度综合纳米结构和光学传感器灵活三维制作的激光扫描全息方法。Elseberg 等[57] 提出了八叉树储存和压缩三维激光扫描建筑点云数据的方法。Nurunnabi 等[58] 研究了移动三维激光扫描点云数据的离散值检测和稳健正常曲线估计方法。Elberink 等[59] 研究了无参考配准机载三维激光扫描建筑模型重建方法和质量分析理论,并对 3 个场景进行了测试验证。Holz 等[60] 研究了微飞行器搭载非均匀密度三维激光扫描仪获取点云数据的配准方法,扩展了基于近似表面重建拓扑信息的配准算法,并在建筑物配准中得到了应用。Yang 等[61] 研究了基于移动激光扫描数据点云的半自动提取和划界三维街道场景的方法。Deliormanli 等[62] 研究采用三维激光扫描和光学技术确定花岗岩采石场不连续面方向的方法。

1.3.2　国内现状

1. 测量重构

在测量重构基础理论及应用研究方面,戴俊杰等[63] 研究基于三维激光扫描技术的地下建筑物测量方法及其实现过程。张俊[64] 采用三维激光扫描技术,对上海世博会尼泊尔馆进行了测量与模型重建。姚宏[65] 将三维激光扫描技术应用于青岛世园会植物馆幕墙工程异形曲面玻璃幕墙的测量。邢汉发等[5] 以广州市会展中心某异形建筑为工程实例,提出了一种基于三维激光扫描的城市建筑竣工测量方法。陈勇等[66] 将三维激光扫描技术应用于在地下空间设施的普查测量。杨欢庆[67] 将三维激光扫描技术应用于探测地下斜桩的埋深。董秀军等[13] 阐述了应用三维激光扫描技术解决高陡边坡调查中关于边坡快速编录和岩体结构面参数测量的原理与方法。何秉顺等[6] 探讨了三维激光扫描仪与 GPS 坐标转换的方法及地形测量作业流程,并将该技术应用于堰塞湖地形的快速测量。白成军等[68] 总结了三维激光扫描技术在文物建筑测绘中应用的技术路线,分析了三维激光扫描坐标转换和点云最弱点位置及精度问题。罗周全等[69] 以激光探测系统探测获取的地下金属矿山采空区形态点云空间信息数据为基础,借助 Visual C++、OpenGL 和数据库技术,研究了采空区激光扫描空间信息三维可视化集成系统,实现了分析管理、体积计算等功能。张鸿飞[70] 研究了基于地面激光扫描的既有建筑数字化的方法,总结了该方法的流程,包括数据采集、点云去噪补洞、点云配准、表面重建以及模型纹理映射等。李滨[71] 将三维激光扫描应用于文物保护领域,重建了文物的数字化模型。周华伟等[72] 通过建立古建筑数据库,设计了基于三维激光扫描和 GIS 的古建筑数字保护系统。杨蔚青等[73] 在隋唐洛阳城遗址保护项目运用三维激光扫描技术收集了遗址形貌信息,并建立了遗址数据库。丁延辉等[74]结合实际工程阐述了基于三维激光扫描点云数据重建建筑物三维模型的方法。Nguyen等[75]探讨了基于三维激光扫描点云数据的三维模型构建方法和流程。路兴昌等[76]利用三维激光扫描仪获取建筑物信息空间数据,研究了利用点云数据构建三维空间信息模型的技术方法,并实现了场景的三维可视化仿真显示。李小飞等[4]探讨了基于三维激光扫描的BIM技术,并将该技术应用于上海世茂深坑酒店施工方案的优化。李博超等[77]分析了平面标靶与特征点配准的误差来源,提出了改进特征点配准方法及坐标转换策略,探讨了确保大型建筑物重构精度的关键因素。刘旭春等[78]探讨了基于三维激光扫描技术真实再现故宫博物院保护历史文物原貌的原理与方法。潘建刚[79]结合北京市三维空间信息综合服务系统,重点研究了基于激光扫描数据的三维重建技术。

2. 质量检测

在质量检测基础理论及应用研究方面,钱海等[80]提出了基于三维激光扫描和BIM模型的自动检测建筑构件生产及运输过程中产生缺陷的检测方法。游志诚等[81]以贵州水库拱坝地基白云岩结构面为研究对象,将三维激光扫描技术应用于结构面抗剪强度参数各向异性检测。胡超等[22]提出了基于三维激光扫描的边坡开挖质量评价手段,包括边坡开挖数据采集、处理流程、数据存储与管理机制、质量评价方法等。龙玺等[82]研究了结构光三维扫描测量的三维拼接技术,检测了被测物体全方位形状信息。周克勤等[83]以鸟巢奥运火炬等大型钢结构工程为案例,探讨了三维激光扫描在异型建筑构件检测中的应用,重点叙述了技术路线和检测优势。左自波等[84]提出了基于三维激光扫描的工业化建筑预制构件质量检测方法,可用于快速检测预制构件尺寸偏差和表面质量。龚剑等[85]研究了基于三维扫描的超高层建筑施工偏差数字化检验系统及方法,可用于超高层建筑施工进度、位置和尺寸偏差的检验评估。

3. 变形监测

在变形监测基础理论及应用研究方面,蔡来良等[86]基于三维激光扫描点云数据平面拟合处理方法,进行了建筑物变形监测应用研究。刘洁等[87]将三维激光扫描技术应用于高层建筑的变形监测。李仁忠等[88]使用三维激光扫描仪对重庆世贸大厦高层建筑进行了变形监测及数据分析统计,指出三维激光扫描在变形监测领域应用的可行性、优势和存在的问题。吴侃等[89]研究了三维激光扫描的单点定位精度、数据采集及数据处理方法,提出了利用建筑物特征线是否变形来判定建筑物变形的思路,以期解决复杂高大建筑物结构变形监测问题。陈致富等[90]将三维激光扫描技术应用于基坑的变形监测,并指出监测精度评定和误差理论有待进一步研究。葛纪坤等[91]提出了基于三维激光扫描的基坑变形监测的方法,该方法使用三维激光扫描仪获取大量基坑围护墙体的点云数据,经过点云处理及模型构建,并采用Geomagic Studio软件对点云模型进行变形分析,得到围护墙体的3D整体变形和2D局部变形。汤羽扬等[24]将太岁殿三维激光扫描数据与古建筑营造作法研究成果、建筑现状形态变化分析结果结合,探讨了三维激光扫描数据在文物建筑保护的应用技术。谢雄耀等[27]提出了基于地面三维激光扫描的隧道全断面变形测量方法,并将该方法应用于上海西藏路电力隧道和上海长江西路越江隧道工程。陈红权等[28]结合通扬和如海公路大桥的监测实践,阐述了基于三维激光扫描的桥梁形变监测技术、数据处理方法以及监测结果与分析过程。陈凯等[92]结合三维激光扫描测量技术,研制了地下矿山采空区三维激光扫描变形监测系统。张舒等[93] 将三维激光扫描技术应用于开采引起地表沉陷的监测。马俊伟等[94] 将三维激光扫描技术应用于滑坡物理模型试验坡体表面的整体变形监测，通过数字仿真试验对点云数据变形测量方式进行了对比分析，推导了单个点云数据空间位置精度的评价模型。徐进军等[95] 将三维激光扫描技术应用于滑坡变形的监测与分析。王举等[29] 提出了一种基于三维激光扫描的土石坝变形监测方法，并将监测方法用于郑州市尖岗水库的试验。吴亮等[96] 将三维激光扫描技术应用于地下洞库工程的变形监测。左自波等[97-99] 结合三维激光扫描和反演分析技术，提出了地下工程施工快速监测预测系统及方法，以期实现地下结构施工大范围三维变形的快速监测及预测。

4. 三维扫描基础理论与应用

在三维扫描基础理论及应用研究方面，戴升山等[100] 介绍了三维激光扫描技术在数字城市、数字考古、数字交通、数字管线及数字医学等行业的应用进展。徐进军等[101] 综述了三维激光扫描技术的工作原理、技术特点、测量精度、工程应用和发展方向等。张启福等[102] 针对三维激光扫描仪的局限性，提出扫描仪会向精密定位、多功能集成、完全国产化、软件公用化等方向发展。刘春等[103] 从测距、测角、大气影响等方面，对三维激光扫描仪的精度进行测试和评定。徐源强等[104] 介绍了三维激光扫描技术原理和点云的拼接方法，同时给出了三维激光扫描和控制测量相结合的坐标转换方法。马立广等[105] 探讨了三维激光扫描系统的定位定向和坐标系统的转换问题，分析了数据采集的误差来源以及误差对扫描获取点云数据精度的影响，并介绍了扫描点云数据处理的基本步骤和实体表面模型重建的实现方法。梁玉斌等[106] 研究了用于建筑测绘的地面激光扫描模式识别方法，具体包括基于平面旋转对称标靶精确定位和匹配的多站点云自动配准方法，基于颜色的点云分割方法，改进开源点云处理软件的角点检测方法，以及基于正射深度影像的建筑特征线划自动提取方法。董秀军等[107] 将三维激光扫描技术应用到岩土、地质工程领域，并对工程应用中坐标转换、地质信息的识别与解译及地质结构面参数的计算方法进行了研究。

综合国内外发展，尽管三维扫描技术起源于国外，但在应用方面，国内与国外处于并跑阶段，均将该技术应用于工程建设中[108]：通过获取三维点云数据，可应用于测量与三维模型重建；通过三维点云数据与已建立或设计的数字化模型的比较分析，可应用于质量检测和性状评估；通过依次持续变化的三维点云数据比较分析，可应用于三维变形监测。

1.4 三维扫描数字建造发展趋势

1.4.1 研究与应用统计

基于多数据库挖掘分析[109-110] 得到三维激光扫描应用领域分析结果，如图 1-5 和表 1-2 所示，图 1-5 中 DB1～DB3 分别表示中国知网、Engineering Village、Web of Science 数据库，数据统计截至 2017 年 1 月。由图可见，三维激光扫描技术研究与应用较为广泛的是物理学（21%）、计算机科学技术（13%）和测绘科学技术（12%）；其中土木建筑工程领域占 6%，研究与应用领域共计 39 个。

三维激光扫描应用领域统计　　　　　　　　　　　表 1-2

编号	应用领域	比例（%）	编号	应用领域	比例（%）
1	物理学	20.96	21	电子通信与自动控制技术	0.50
2	计算机科学技术	13.02	22	林学	0.49
3	测绘科学技术	12.31	23	经济学	0.48
4	地理科学	6.09	24	冶金工程技术	0.42
5	材料科学	5.64	25	动力与电气工程	0.31
6	机械工程	5.62	26	信息科学与系统科学	0.31
7	土木建筑工程	5.60	27	航空航天科学技术	0.28
8	电子通信与自动控制技术	4.52	28	环境科学技术	0.27
9	化学工程	4.39	29	管理学	0.26
10	临床医学	3.23	30	工程与技术科学基础学科	0.26
11	生物学	2.61	31	力学	0.25
12	数学	2.37	32	军事医学与特种医学	0.24
13	矿山工程技术	1.49	33	社会学	0.20
14	交通运输工程	1.45	34	安全科学技术	0.19
15	基础医学	1.36	35	中医学与中药学	0.19
16	地球科学	1.02	36	经济学	0.18
17	考古学	0.94	37	能源科学技术	0.17
18	机械工程	0.80	38	艺术学	0.15
19	农学	0.67	39	核科学技术	0.08
20	水利工程	0.52			

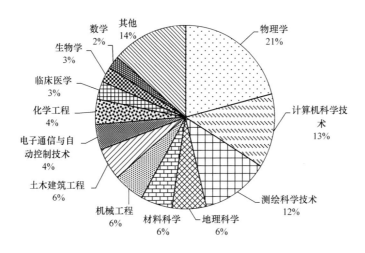

图 1-5　三维激光扫描应用领域分析

过去十几年，三维激光扫描应用发展趋势如图 1-6 所示，其研究和应用近似呈指数增加的趋势，可见，该技术引起人们关注和重视的程度越来越高。

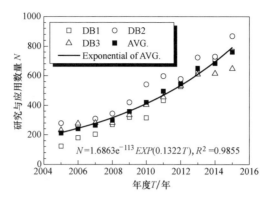

图 1-6　三维激光扫描研究与应用发展趋势

1.4.2　研究与应用发展趋势

尽管三维扫描数字建造技术已在建筑施工中得到了应用，但为了进一步促进其在建筑业的推广和普及，该技术发展仍面临一些挑战：

1. 扫描硬件进一步改进和与其他设备的融合集成

（1）扫描设备将由单波形、多波形向单光子、量子雷达发展[111]，设备造价更低廉，扫描和应用范围更广。针对现有扫描仪存在竖向扫描无法一次全覆盖（最大辐射 320°）、反光及雨水物体无法测量等缺陷，有必要研究开发新型扫描设备加以解决；研发超远距离扫描设备，应用于大范围场景的测量与模型重建；研发超近扫描设备，应用于文物化石等细小物体的三维测量与模型重建；突破物联网、云计算、区块链等技术，研发云端虚拟测绘扫描装备[112]，应用于大尺度、巨型场景的三维测量和数据远程储存。

（2）扫描设备搭载的平台将由单一平台向多源化、空地柔性平台转变，测距更远，扫描更高效。集成 SLAM（Simultaneous Location and Mapping）、车载、机载、星载测量等技术，开发适用于建筑业的高精度便携式、背包式、车载式、无人机搭载式扫描仪；例如，管线设施施工竣工模型重建、工业化建筑预制构件尺寸和表面缺陷检测，以及古建筑变形监测要求开发高精度便携式扫描仪；城市道路工程施工测量及检测要求集成车载技术开发高精度车载三维激光扫描仪；隧道、高铁轨道等运行安全监测要求研发可与列车集成的三维激光扫描仪；大面积工程（城市综合体）施工测量、安全监测和竣工验收，要求集成无人机测量技术开发机载三维激光扫描仪；数字城市建设测量重构，以及城市基础设施损伤检测，需要集成 SLAM、测绘卫星、无人机航测、激光雷达、倾斜摄影、移动测量、机器人测量等技术，研发空天地一体化自主测量扫描系统。

2. 数据处理技术进一步提升

（1）数据处理软件由单平台不兼容向多平台集成发展。针对现有三维激光扫描仪生产商自带软件不兼容的问题，有必要研发点云和模型数据统一标准，实现数据兼容和共享处理。

（2）扫描数据由点云数据配准向多源数据融合发展。针对激光式、拍照式、多波束测深式扫描仪多源数据融合难、目标提取难、三维模型重构难的缺陷，研发多源多平台点云数据精度快速清洗、配准与集成算法[111]。

（3）数据处理由人工操控软件向自动计算处理发展。针对现有点云数据需人工操控软件处理、复杂低效的问题，有必要引入人工智能、深度学习、并行计算等技术，实现海量点云数据的自动化、智能化快速处理。

3. 与其他技术融合

（1）在测量重构应用方面，有必要融合 BIM、BLM（Building Lifecycle Management，全生命周期管理）、智能传感、物联网、大数据、云计算和 3D 打印[113] 等技术，实现工程建设精细化测量、高效自动化建造和全生命周期的可视化管理；有必要融合遥感、惯性导航系统（Inertial Navigation System，INS）、全球导航卫星系统 GNNS（Global Navigation Satellite System）、GIS、CCD（Charge-Coupled Device，电荷耦合）摄像传感器、遥测、仿真—虚拟等技术，实现多分辨率、多尺度、多时空和多种类数字城市场景的重现，为城市规划设计、建造和运营管理提供数字蓝图[111]。

（2）在质量检测方面，有必要需融合 BIM、超声波和红外成像等技术，实现建筑业预制及现浇结构内外部施工期质量和运营期损伤的自动化、精确化和可视化检测。

（3）在变形监测方面，有必要融合数值分析、AR（Augmented Reality，增强现实）、计算机视觉、智能化监测和高性能计算技术，实现施工和运营期安全状态高精度预测和反馈控制。

4. 达成共识的标准体系

三维扫描数字建造尚未形成共识的技术标准或使用指南，有必要开展扫描设计、数据采集、质量检查、数据处理、数字产品制作和成果验收一体化的技术标准体系研究。

1.4.3　应用前景

长期以来，传统建筑业的施工现场劳动密集、机械化及自动化程度不高，造成资源浪费、环境污染、质量及安全事故频发等问题，同时建筑工人加速老龄化以及向互联网等新兴产业迁移，造成熟练劳动力短缺。因此，迫切需要引入新的技术手段，改变落后的生产方式，促进建筑业的发展转型升级。信息化已经成为传统建筑业转型升级的重要手段之一，也是建筑业国家"十三五"规划三大发展方向之一。数字建造是信息化施工的最重要方向，其主线则是将三维扫描、三维打印、机器人、物联网、大数据、人工智能等数字技术或手段与施工技术的深度融合。

数字化的广度正前所未有地拓展，三维扫描作为数字建造应用相对成熟的技术之一，成为数字化时代高精度刻画复杂现实世界最为直接和重要的手段，将其与施工技术深度融合，具有广阔的应用前景。

本书中所提到的基于三维扫描的测量重构技术，改变了传统三维模型的获取方式，极大提高了三维数字建模的效率，可应用于场景重现及规划设计、复杂结构施工三维测绘、施工方案虚拟仿真优化、施工计量及测量控制、施工过程可视化管理、施工三维数字模型存档、既有建筑改造深化设计、施工运维数字化管理和建构筑物灾害应急分析；基于三维扫描的质量检测技术，改变了施工检测需通过人工的模式，大幅度降低人力成本，极大提高了施工效率，可用于施工偏差分析及控制、施工期建筑及构件质量检测、施工竣工验收检测、预制结构加工质量检测及虚拟拼装和运营期损伤检测及维护管理；基于三维扫描的变形监测技术，改变了传统单点监测效率低、预测可靠度不高的问题，可应用于施工期三维变形监测、运营期三维变形监测、非建筑类三维变形监测及安全预测和大型科学试验变形监测。进一步扩大推广应用三维扫描数字建造关键技术，将在全球变化、智慧城市、全球制图等国家重大需求和地球系统科学研究中发挥十分重要的作用。

三维扫描数字建造技术为建筑施工提供一种全新的思路和技术手段，有利于工程建设项目更好地应用数字建造技术，有助于促进三维扫描技术在建筑业的普及和推广应用，以此提升工程建设的自动化、信息化水平以及精益建造水平，促进建筑业转型升级。

思考

1. 阐述三维扫描数字建造基本原理。
2. 三维扫描数字建造包括测量重构、质量检测、变形监测，是否还有其他的方向？
3. 三维扫描数字建造的发展趋势是什么？

第 2 章

三维扫描数字建造基础技术

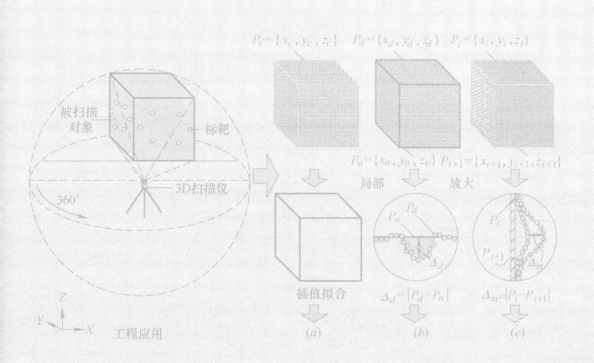

2.1　概述

为了应用三维扫描技术，实现测量重构、质量检测、变形监测，通常需要开展扫描设计、数据采集、质量检查、数据处理、数字产品制作和成果验收等工作，技术流程如图 2-1 所示。为了顺利实施这些工作，首先需要配备扫描仪系统和数据处理软件等基本条件，其次需要了解如何使用扫描仪系统进行数据采集，最后需要了解如何使用软件或编写新的算法进行数据处理；为了确保扫描成果准确、可用，满足设计要求，还需掌握扫描精度分析和控制技术。本章主要介绍三维激光扫描基本原理、扫描仪系统、数据采集技术、数据处理技术以及扫描精度分析与控制，以便了解三维扫描数字建造的基础原理和关键技术。

本章重点：

- 三维扫描数字建造技术流程
- 三维激光扫描基本原理
- 扫描仪系统分类及选择
- 数据采集基本流程
- 数据处理软件分类及选择
- 数据处理基本流程
- 扫描精度分析与控制

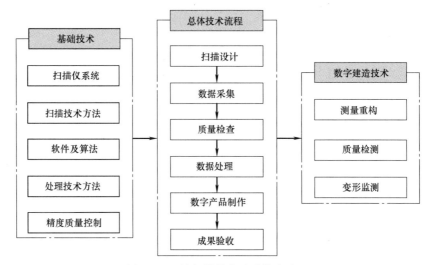

图 2-1　三维扫描数字建造技术流程

2.2　三维激光扫描基本原理

2.2.1　基本构成

三维激光扫描仪主要构造是激光扫描系统，其由高精度的激光测距仪和一组可以引导激光并以均匀角速度旋转的反射棱镜构成，同时也集成了时间计数器、控制电路板、数码相机和 GPS 等。其中扫描头、控制器和计算机是扫描仪的核心，如图 2-2 所示。为了获取三维坐标信息，通常需开展测距、角位移、扫描、定位等工作，如图 2-3 所示。

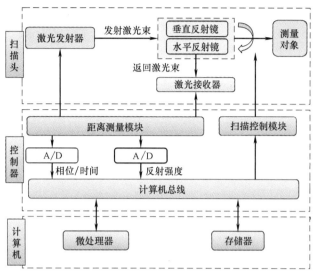

图 2-2 激光扫描系统基本构成及原理

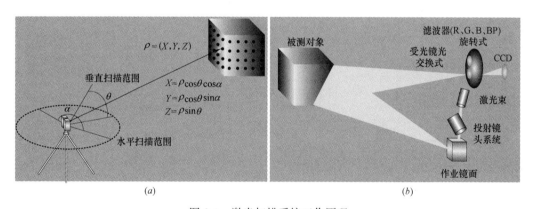

图 2-3 激光扫描系统工作原理

（a）测距及角位移；（b）扫描原理

2.2.2 测距原理

三维激光扫描仪按测距原理可分为脉冲式、相位差式和光学三角测量式三类。

脉冲式三维激光扫描仪通过光脉冲在被测场景中传播和反射时间来测量距离信息 d，由式（2-1）计算。原理图如图 2-4 所示。

$$d = Ct_f/2 \tag{2-1}$$

式中，C 为光速；t_f 为飞行时间。

相位差式三维激光扫描仪持续发射激光波，通过测量调制的激光信号在待测距离上往返传播所形成的相移，间接测量激光传播时间计算距离 d，由式（2-2）计算。原理图如

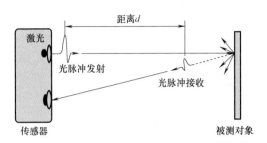

图 2-4   脉冲式三维激光扫描仪原理

图 2-5 所示。

$$d = C\phi / 4\pi f_m \qquad (2-2)$$

式中，ϕ 为相移；f_m 为调制信号频率。

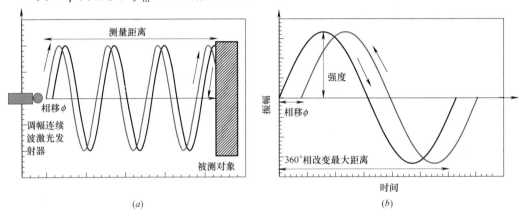

图 2-5   相位差式三维激光扫描仪原理

（a）相位法测距示意图；（b）相位法测距原理图

　　光学三角测量（结构光式）激光扫描仪，由光源投射到被测物体表面，另一个方向上通过观察成光点的位置，从而计算出光源到被测物体点的距离，由式（2-3）计算。其中，投影光轴、成像光轴和光电检测器基线构成三角形，物体点的三维坐标是经过像点与相机光心的直线与光平面的交点。其原理如图 2-6 所示。

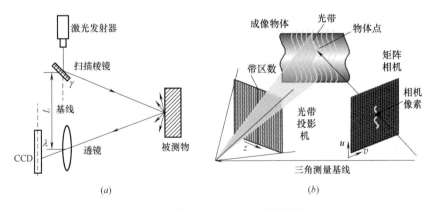

图 2-6   结构光式三维激光扫描仪原理

（a）原理图；（b）示意图

$$x = \frac{\cos\gamma\sin\lambda}{\sin(\gamma+\lambda)}L\;; \quad y = \frac{\sin\gamma\sin\lambda\cos\alpha}{\sin(\gamma+\lambda)}L\;; \quad z = \frac{\sin\gamma\sin\lambda\sin\alpha}{\sin(\gamma+\lambda)}L \tag{2-3}$$

式中，L 为基线长；γ 为发射光线与基线的夹角；λ 为入射光线与基线的夹角；α 为扫描仪的轴线与自旋转角度。

三类三维激光扫描仪技术对比如表 2-1 所示。在激光发射装置方面，脉冲法为固体激光器（红宝石、钇铝石榴石 YAG），相位差法和三角法均为连续光源激光器（氦氖 He-Ne）；在测量距离方面，脉冲法较远（几十米到几百千米），相位差法较近（几米到千米），三角法非常近（几厘米到几米）；在测量精度方面，脉冲法低（厘米级），相位差法高（毫米级），三角法非常高（微米级）；在扫描速度方面，脉冲法和三角法较慢，相位差法较快；探测方式，脉冲法和相位差法均为点扫描，三角法为点、线、面扫描。在适用领域方面，脉冲法适用于中远距离测量，用于地面、机载、星载测距；相位差法适用于中等距离测量，用于地面、机载测距；三角法适用于近距离测量，用于目标高精度测量。

不同原理三维激光扫描仪技术对比　　　　表 2-1

参数对比	脉冲式	相位差式	结构光式
激光发射装置	固体激光器(红宝石、YAG)	连续光源激光器(He-Ne)	连续光源激发器(He-Ne)
测量距离	远(几十米～几百千米)	近(几米～千米)	非常近(几厘米～几米)
测量精度	低(厘米级)	高(毫米级)	非常高(微米级)
扫描速度	慢	快	慢
探测方式	点扫描	点扫描	点、线、面扫描
适用领域	中远距离测量 用于地面、机载、星载测距	中等距离测量 用于地面、机载测距	近距离测量 用于高精度测量

2.2.3　点云数据

三维激光扫描数据采集时通过逐行逐列的方式获取空间数据，采集得到的空间数据呈现矩阵的形式，即为由一系列按照矩阵的形式逐行逐列进行组织的像素构成。每个矩阵单元值为获取目标物表面采样点的三维坐标。由于三维坐标反映了扫描点与视点之间的距离，因此扫描所得到的图像称为距离图像或深度图像。图 2-7 所示为三维激光扫描采集点云数据。

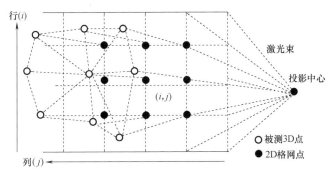

图 2-7　三维激光扫描点云数据[76]

扫描获取目标物表面每个采样点的空间坐标后，得到一个点的集合，称之为"点云"（Point Clouds）[114]，其每一个像素的原始观测值由一个距离值和两个角度值构成；通过扫描，最终得到空间实体的三维坐标（X，Y，Z）、激光反射强度（Itensity）、颜色信息（RGB）、目标实体影像信息，这些信息通常以纯文本形式组织储存，不同扫描仪储存的点云数据格式不同，常用的点云数据格式有 ASCII、TXT、PTX、XYZ 等。点云数据呈现为数据量大、密度高、立体化、并附带目标物光学信息等特点。

2.3 三维激光扫描仪系统

2.3.1 系统分类

三维激光扫描系统从操作的空间位置可以划分为七类：星载型、机载型、船载型、车载型、地面型、手持型和特定环境型激光扫描系统，如图 2-8 所示。七类三维激光扫描系统主要构成和特点见表 2-2。在建筑业应用较为广泛的依次为地面型、车载型、机载型。因此，本节以地面型激光扫描系统为基础，以车载型和机载型激光扫描系统为辅，介绍三维扫描数字建造基础技术。

三维激光扫描系统分类　　　　　　　　　　　　　　　　表 2-2

分　类	构　成	特　点
星载型激光扫描系统	搭载在卫星等航天飞行器上的激光雷达系统,由光机平台、星敏、陀螺仪、激光参考传感、激光参考相机和激光断面仪等构成	高精度地球、太空探测
机载型激光扫描系统	搭载在小型飞机、直升机或无人机上的激光扫描系统,由激光扫描仪、成像装置、GPS、飞行惯导系统、计算机及数据采集器等构成	短时间内大范围测量
船载型激光扫描系统	搭载在船上的激光扫描系统,多波束测深仪、三维激光扫描仪、惯性导航系统、全球导航卫星系统等构成	短时间内大范围测量
车载型激光扫描系统	安装在车载平台的激光扫描系统,由 GPS、惯性导航系统、CCD 相机、激光扫描系统等构成	快速动态测量
地面型激光扫描系统	由激光扫描仪及控制系统、内置数码相机等构成	近景高度测量
手持型激光扫描系统	手持型激光扫描仪一般配合柔性机械臂使用	小型物体快速、简洁、精确扫描
特定环境型激光扫描系统	如洞穴中应用的激光扫描仪	狭小、细长型空间扫描

2.3.2 三维激光扫描仪统计与分析

汇总应用最为广泛的商业三维激光扫描仪，主要包括美国的 FARO、Trimble、Surphaser，德国的 Z+F、Leica，奥地利的 Riegl，加拿大的 Optech 和澳大利亚的 Maptek 等，如图 2-9 和表 2-3 所示。

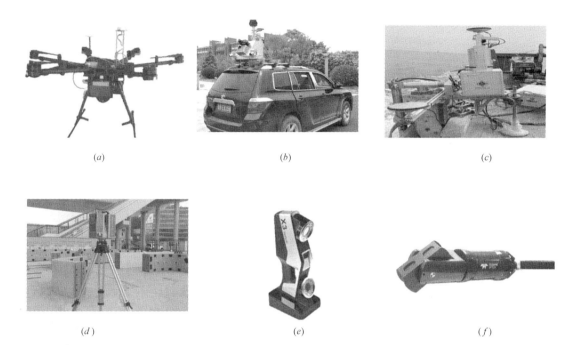

图 2-8 三维激光扫描系统

（*a*）机载型；（*b*）车载型；（*c*）船载型；（*d*）地面型；（*e*）手持型；（*f*）特定环境型（洞穴式）

图 2-9 商业三维激光扫描仪

（*a*）FARO；（*b*）Trimble；（*c*）Surphaser；（*d*）Z＋F；（*e*）Leica；（*f*）Riegl；

（*g*）Optech；（*h*）I-site

商业三维激光扫描仪　　　　　　　　　　表 2-3

年份	扫描仪型号							
	FARO (美国)	Z+F (德国)	Leica (德国)	Riegl (奥地利)	Trimble (美国)	Surphaser (美国)	Optech (加拿大)	Maptek (澳大利亚)
1992		LSR Kanora						
1998		Scene Modeller						
2002		Imager 5003						
2006		5006		VZ400				
2007		Profiler 6000		VZ1000				
2009		5006EX		VZ4000				
2010		5010		VZ6000				
2011	FOCUS 3D 120	Profiler 9012	C5	VZ2000			ILRIS-3D	
2012		5010C	P20	LMS-Z390	GX TX5		ILRIS-3D-ER	I-site 4400
2013	X330			LMS-Z420	FX	25HSX	ILRIS-HD	I-site 8800
2014	X130			LMS-Z620		50HSX	ILRIS-HD-ER	I-site 8810
2015		5010X	P30/ P40	LPM-321	TX8	100HSX	ILRIS-LR	I-site 8820
2016	S350	5016			SX10	10		
2017						400		I-site XR3
2018			P50					
2019							TLS-M3	

统计不同生产商不同型号三维激光扫描仪的技术参数，如表 2-4 所示。表中 H 表示水平角度，V 表示垂直角度；精度（$Y\text{mm}@X\text{m}$）表示：测距为 X 米的线性误差为 Y 毫米；激光束直径（$Y\text{mm}@X\text{m}$）表示：距 X 米时，直径为 Y 毫米。

三维激光扫描仪技术参数统计　　　　　　　　表 2-4

型号	测距原理	最大测速（万点/s）	测距范围（m）	视场角（°）	角分辨率（°）	距离精度 Xmm @Xm 角精度（°）	激光等级	激光波长（nm）	激光束直径（Xmm @Xm）	稳定性温度（℃）防护等级（IP）	重量（kg）	待机时间（h）	内置相机（万像素）	配套软件
FARO Focus3D X330	相位式	97.6	0.6~330	H：360 V：300	H：0.009 V：0.009	2@10	class1	1550		0~50	5.2	5	7000	FARO SCENE
FARO Focus3D X130	相位式	97.6	0.6~130	H：360 V：300	H：0.009 V：0.009	2@10	class1	1550		0~50	5.2	5	7000	FARO SCENE

续表

型号	测距原理	最大测速(万点/s)	测距范围(m)	视场角(°)	角分辨率(°)	距离精度Xmm@Xm 角精度(°)	激光等级	激光波长(nm)	激光束直径(Xmm@Xm)	稳定性温度(℃)防护等级(IP)	重量(kg)	待机时间(h)	内置相机(万像素)	配套软件
FARO Focus3D X30	相位式	97.6	0.6～30	H:360 V:300	H:0.009 V:0.009	2@10	class1	1550		5～45	5.2	4.5		FARO SCENE
FARO Focus S350	相位式	97.6	0.6～360	H:360 V:300	H:0.005 V:0.005	2@10	class1	1550		IP54	4.2	4.5	128000	FARO SCENE
Z+F imager 5010C	相位式	101.6	0.3～187.3	H:360 V:320	H:0.0004 V:0.0002	1@50	class1	1500	3.5@0.1	IP53	14	3	8000	LEM、Laser control
Z+F imager 5010X	相位式	101.6	0.3～187.3	H:360 V:320	H:0.0004 V:0.0002	1@50	class1	1500	3.5@0.1	−10～45 IP53	9.8	3	8000	LEM、Laser control
Z+F imager 5016	相位式	110	0.3～360	H:360 V:320	H:0.0003 V:0.0002	1@50	class1	1500	1.5@1.5	−10～45 IP54	6.5	3	HDR	LEM、Laser control
Z+F Profiler 9012	相位式	101.6	0.3～119	V:360	H:0.0088 V:0.0088	1@50 角度72″	class1	635	1.9@0.1	−10～45 IP54	13.5			Laser control
Z+F imager 5006EX	相位式	5.08	0.4～79	H:360 V:310	H:0.0018 V:0.0018	2@50 角度0.007° rms	3R		3@1	0～40 IP54	30.6	1		Laser control
Surphaser 100HSX IR100HS	相位式	120	1～50	H:360 V:270	H:0.0003 V:0.2778	1@15	3R	685	2.3@5	5～45	11	2	60	Surph Express Standard
Surphaser 50HSX	相位式	120	1.5～100	H:360 V:270	H:0.0003 V:0.2778	0.7@11 角度15″	3R	685	2.3@5	5～45	11	2	60	Surph Express Standard
Surphaser 10	相位式	20.8	1～110	H:360 V:270	H:0.0003 V:0.2778	0.9@15	class1	1550			4.5	5		Surph Express Standard
Surphaser 300	相位式	83.2	1～250	H:360 V:270	H:0.0003 V:0.2778	0.9@15	class1	1550			5.8	2		Surph Express Standard
Leica P20	脉冲式	100	0.6～120	H:360 V:270		3@50 角度8″	Class2	808	≤2.8 mm	−20～50 IP54	11.9	7	内置	Cyclone

续表

型号	测距原理	最大测速(万点/s)	测距范围(m)	视场角(°)	角分辨率(°)	距离精度 Xmm@Xm 角精度(°)	激光等级	激光波长(nm)	激光束直径(Xmm@Xm)	稳定性温度(℃)防护等级(IP)	重量(kg)	待机时间(h)	内置相机(万像素)	配套软件
Leica C20	脉冲式	50	0.1~300	H:360 V:270		点精度6 角度12″	3R	532	4.5@50	0~40 IP54	13	3.5	400	Cyclone
Leica P30 /P40	脉冲式	100	0.4~270	H:360 V:270		1.2+10ppm 角度8″	class1	1550	≤3.5 mm	−20~50 IP54	12.3	5.5	400	Cyclone
Leica P50	脉冲式	100	0.4~1000	H:360 V:270		2@50 角度8″	class1	1550	2.5@1.5	IP54	12.3	5.5	400	Cyclone
Riegl VZ400	脉冲式	12.2	1.5~600	H:360 V:100	H:0.0005 V:0.0005	5 重复3	class1	近红外		0~40 IP64	9.6		外置	Riscan PRO
Riegl VZ1000	脉冲式	12.2	2.5~1400	H:360 V:100	H:0.0005 V:0.0005	8 重复5	class1	近红外		0~40 IP64	9.8		外置	Riscan PRO
Riegl VZ4000	脉冲式	22.2	5~4000	H:360 V:100	H:0.0005 V:0.0005	10 重复5	class1	近红外	70@500	0~40 IP64	14.5		外置	Riscan PRO
Riegl VZ6000	脉冲式	22.2	5~6000	H:360 V:60	H:0.0005 V:0.0005	15 重复10	class1	近红外	70@500	0~40 IP64	14.5		外置	Riscan PRO
Riegl VZ2000	脉冲式	22.2	2.5~2050	H:360 V:100	H:0.0015 V:0.0015	8 重复5	class1	近红外		0~40 IP64	9.9		外置	Riscan PRO
Riegl LPM-321	脉冲式	0.1	10~6000	H:360 V:150	H:0.009 V:0.009	25 重复15	class1	近红外		0~40 IP64	16		外置	Riscan PRO
Trimble TX5	相位式	97.6	0.6~120	H:360 V:300	H:0.009 V:0.009	2@25	3R	905	3	5~40	5	5	7000	Trimble Real Works
Trimble TX6	脉冲式	50	0.6~120	H:360 V:317		2 角度1″	class1	1500	6@10	0~40 IP54	10.7	2	外置	Trimble Real Works
Trimble TX8	脉冲式	100	0.6~120	H:360 V:317		6@10 角度8″	class1	1500	6@10	0~40 IP54	11	2	外置	Trimble Real Works
Trimble FX	相位式	80	0.6~140	H:360 V:270	H:0.002 V:0.002	1@15 角度30″	3R	690	2.3@5	5~45	11	2	外置	Trimble FX Controller

续表

型号	测距原理	最大测速（万点/s）	测距范围（m）	视场角（°）	角分辨率（°）	距离精度Xmm@Xm 角精度（°）	激光等级	激光波长（nm）	激光束直径（Xmm@Xm）	稳定性温度（℃）防护等级（IP）	重量（kg）	待机时间（h）	内置相机（万像素）	配套软件
Trimble SX10	相位式	80	0.9~600	H:360 V:300		1@15 角度1″	class1	1550	14@100	−20~50	7.5	2.5	外置	Trimble FX Controller
Optech IKRIS-3D	脉冲式	2.5~3.5kHz	3~1700	H:360 V:40×40	H:0.0007 V:0.0007	7@100	class1	1535	22@100	0~40	14	5	310	Poly Works
Optech IKRIS-HD	脉冲式	10kHz	3~1300	H:360 V:40×40	H:0.0007 V:0.0007	7@100	class1	1535	19@100	0~40	14	5	310	Poly Works
Optech IKRIS-LR	脉冲式	10kHz	3~3000	H:360 V:40×40	H:0.0007 V:0.0007	7@100	class3	1064	27@100	0~40	14	5	310	Poly Works
Optech TLS-M3	脉冲式	2MHz	1.5~2000	H:360 V:120	H:0.0007 V:0.0011	2@100	Class1	1550		−20~50	11.9	2.5	310	Poly Works
I-site 4400	脉冲式	0.44	2.5~400	H:360 V:80	H:0.04 V:0.04	6@200	class3R	905	<8mm	10~50 IP65	14	3	外置	I-site Studio
I-site 8800	脉冲式	0.88	2.5~2000	H:360 V:80	H:0.001 V:0.001	8@200	class1	近红外	<8mm	0~50 IP65	14	3	外置	I-site Studio
I-site 8810	脉冲式	0.88	2.5~2000	H:360 V:80	H:0.001 V:0.001	8@200	class1	近红外	<8mm	0~50 IP65	14	3	7000	I-site Studio
I-site 8820	脉冲式	80kHz	2.5~2000	H:360 V:80	H/V:0.2~0.025	6@200	class1	近红外	<8mm	−40~50 IP65	12	2.5	外置	I-site Studio
I-site XR3	脉冲式	200kHz	2.5~2400	H:360 V:100	H/V:0.0125~0.2	5@200	class1	近红外	<8mm	−40~50 IP65	9.4	4	117600	I-site Studio
中海达 LS300	脉冲式	1.44	0.5~250	H:360 V:300	H:0.005 V:0.125	25	class1	905				4		HD 3LS Scene
思拓力 X300	脉冲式	4	2~300	H:360 V:90	H:0.02 V:0.02	6@50	class1			−10~50 IP65	5.9	6	1070	Si-Scan
迅能光电 VF1000	脉冲式	10	1200	H:360 V:90		1.2@55 角度5″	class1	1550		0~40 IP54		3	外置	多模块
华朗 HL1000	脉冲式	3.6	1200	H:360 V:100		1.2@55	class1	905		0~40 IP54				Cloud Processor

基于表 2-4，统计分析得到三维激光扫描仪的最大测速统计分布、最小测距统计分布、最大测距统计分布和测距比统计分布如图 2-10～图 2-13 所示。由图可见，现有三维激光扫描仪的最大测速在 1000～1200000 点/s 之间，平均为 578000 点/s；最小测距在 0.1～10m 之间，平均值为 1.7m；最大测距在 30～6000m 之间，平均值为 1095m；最大测距与最小测距的比值在 50～3000 倍之间，平均值为 586 倍。

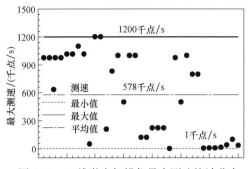

图 2-10　三维激光扫描仪最大测速统计分布

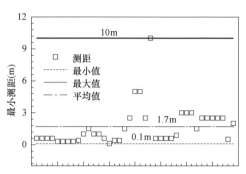

图 2-11　三维激光扫描仪最小测距统计分布

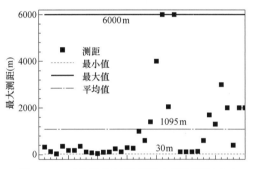

图 2-12　三维激光扫描仪最大测距统计分布

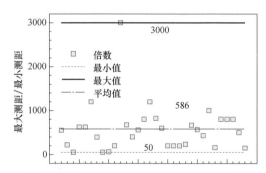

图 2-13　三维激光扫描仪测距比统计分布

统计分析得到三维激光扫描仪的最大与最小测距的关系、测距线性误差统计分布和系统误差统计分布，如图 2-14～图 2-16 所示。由图可见，三维激光扫描仪的最大测距随着最小测距呈近似线性增加的关系；线性误差在 1mm@50m～50mm@100m 之间；三维激光扫描仪的系统误差在 1.2～25mm 之间，平均值为 9.7mm。

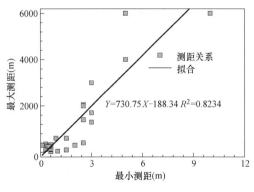

图 2-14　三维扫描仪最大与最小测距关系

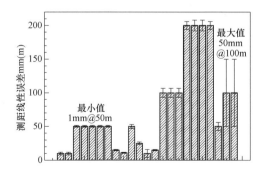

图 2-15　三维激光扫描仪测距线性误差统计分布

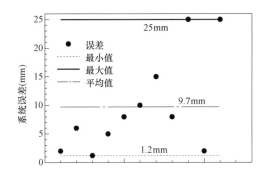

图 2-16 三维激光扫描仪测距系统误差统计分布

汇总星载、车载型三维激光扫描仪技术参数如表 2-5 所示。可见，星载型三维激光扫描仪均采用脉冲式测距原理，在测距范围上显著大于传统扫描仪，最大测距达 600km；机载型三维激光扫描仪与传统扫描仪在测距范围上没有显著差距。

星载及车载型三维激光扫描仪技术参数汇总表　　　　　　　　　　表 2-5

类型	型号	测距原理	最大扫描频率（Hz）	测距范围（km）	视场角（°）	精度（距离 m，角度°）	激光波长(nm)	重量（kg）
星载型	ICESat/GLAS	脉冲式	40	0.17 ～ 600		0.15	红宝石 532/1064	300
	ZY3-02	脉冲式	2	520		1/15°	1064	40
机载型	Riegl VQ-1560i	脉冲式	1.33	5.8	58	0.02	1064	60
	RIEGL VUX-240	脉冲式		0.005～1.9	75	0.02	780～2526	
	Leica ALS80-HA	脉冲式	100	5.0	72		1064	47
	Optech Titan	脉冲式	0.9	2	60		1064	72

需要说明的是表 2-4 和表 2-5 中测距范围为理论值，实际应用中还与脉冲的频率大小，目标反射率，能见度等因素相关，以 Riegl VZ4000 为例，假定满足标靶大于激光光斑，垂直入射，亮度平均，通过 RIMTA 三维激光扫描软件处理的条件，最大测量范围与其影响因素的关系如图 2-17 所示。图中，中度污染能见度为 5km，轻度污染能见度分别为 8km 和 23km，晴朗天气能见度分别为 16km 和为 23km；MTA1～MTA4 分别表示空气中无混浊 1 个脉冲、空气中 2 脉冲、空气中 3 脉冲和空气中 4 个脉冲。由图可见，最大测量范围随着脉冲的频率的增大而减小，随着目标反射率的增大而增大，随着能见度的增大而增大。

2.3.3 三维激光扫描仪辅助设施

三维激光扫描仪辅助设施主要包括标靶、支架、测量平台等。其中，标靶要用于定义坐标系和点云配准拼接，对于需多次配准拼接的扫描对象，标靶的作用至关重要。图 2-18 为常用的标靶类型，包括球形标靶和各种形状平面标靶，以及各类特征标靶。

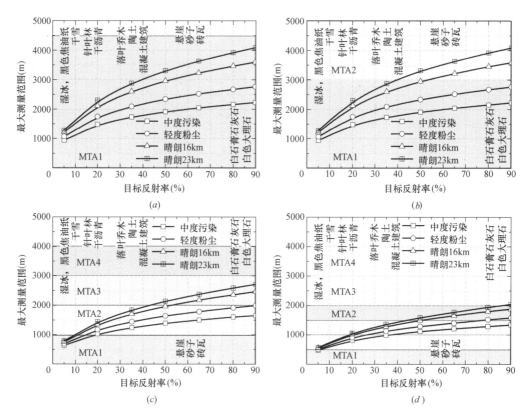

图 2-17　影响三维激光扫描仪最大测量范围的影响因素
（a）脉冲重复率 30kHz；（b）脉冲重复率 50kHz；
（c）脉冲重复率 150kHz；（d）脉冲重复率 300kHz

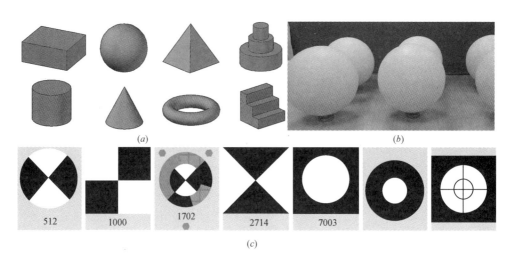

图 2-18　常用标靶的形式
（a）特征标靶；（b）球形标靶；（c）平面标靶

　　扫描仪与标靶之间的角度 θ（图 2-19）对扫描仪能识别标靶的距离有一定影响，以 A4 标靶为例，其影响关系如表 2-6 所示，即随着角度的减小，扫描仪能识别标靶的距离将减小。因此，标靶使用中需保证存在最小的角度，以 Z+F imager 5010C 三维激光扫描仪和 A4 标靶为例，最小角度不宜小于 45°。

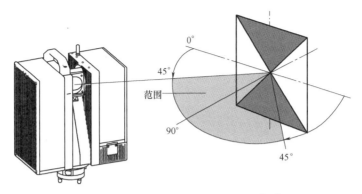

图 2-19　扫描仪与标靶的角度范围[116]

标靶与扫描仪夹角对识别距离的影响　　　　　　　　　　　　表 2-6

扫描模式	不同角度 θ 条件扫描仪能识别标靶的距离		
	$\theta=90°$	$\theta=60°$	$\theta=45°$
低	1～6m	1～5m	1～4m
中	1～12m	1～10m	1～8m
较高	1～25m	1～22m	1～20m
高	1～50m	1～45m	1～35m
超高	1～100m	1～90m	1～70m
极高	1～120m	1～110m	1～90m

2.3.4　三维激光扫描仪的选择

评价三维激光扫描仪性能主要考虑的因素包括测速、测程、视角范围、精度以及稳定度等，如表 2-7 所示。实际应用中可根据测量所需侧重点，结合表 2-7、表 2-4 及表 2-5 中技术参数选择扫描仪。例如，测速是决定数据采集的效率和外业工作量；测程决定单次扫描大小及范围，实际应用中，设备的最大扫描距离会小于理论值；视角范围，影响外业采集效率和数据的完整性。精度为仪器核心指标，脉冲式三维激光扫描仪的精度测量重复性好，受光线影响小；相位差式三维激光扫描仪的精度因为受光线、物体反射率和扫描角度的影响，会经常波动和变化。稳定度主要考虑工作及储存温度、防水防尘等级等，防护等级 IP 由 2 个数字组成，第一和二位数字分别代表防尘和防水等级，数字越大表示防护能力越强。

评价三维激光扫描仪性能的主要因素　　　　　　　　　　　　表 2-7

性能因素	评价内容
测速	决定数据采集的效率和外业工作量。若将扫描速度作为首要因素，则可选择相位式仪器；若选择脉冲式扫描仪，则选择脉冲激光的发射频率高或测速快的仪器，以提高工作效率；同时，选择角度分辨率高的仪器，以求达到较高的点密度为宜

续表

性能因素	评价内容
测程	脉冲式三维激光扫描仪,测程较远,一般为 $10^2\sim10^5$ m 量级;相位式三维激光扫描仪,测程较近,$10\sim10^2$ m 量级;扫描仪的最大扫描距离与光线强弱、物体反射率等相关,一般用反射率为 90% 的物体作为参考;实际应用中,设备的最大扫描距离会小于理论值
视角范围	扫描仪单站单次扫描的视角范围,影响外业采集效率和数据的完整型
精度	为仪器核心指标。脉冲式三维激光扫描仪的精度测量重复性好,受光线影响小;相位差式三维激光扫描仪的精度因为受光线、物体反射率和扫描角度的影响,会经常波动和变化
稳定度	扫描仪的稳定度主要体现为工作及储存温度、防冲击登记、防水防尘等级(防护等级 IP 由 2 个数字组成,第一和二位数字分别代表防尘和防水等级,数字越大表示防护能力越强)

2.4 三维激光扫描数据采集技术

2.4.1 数据采集基本流程

1. 地面型激光扫描流程

地面型激光扫描的主要流程可概括为图 2-20 所示。主要包括数据采集和数据处理两个阶段,分别用于获取点云等基本数据和处理数据及制作数字产品。

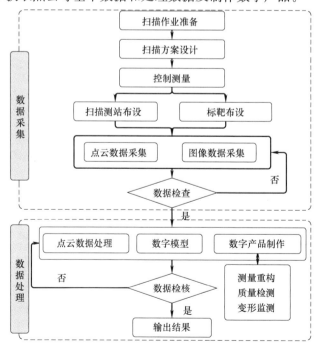

图 2-20 地面型扫描测量主要流程

数据采集流程包括扫描作业准备、扫描方案设计、控制测量、扫描测站布设、标靶布设、点云数据采集、图像数据采集、数据检查等。

（1）扫描作业准备

扫描作业准备包括：现场扫描作业前开展资料的收集、现场踏勘、仪器准备及检查、标靶制作等。

（2）扫描方案设计

根据已有资料、扫描任务及需求、现场勘查结果设计扫描方案，确定测区和测站位置，保证被扫描对象能够扫描完整；确定作业人员组织架构、作业流程、安全保障措施。

（3）控制测量

现场扫描作业前根据测区内已知控制点、地形地貌、扫描目标物的分布和精度要求，进行控制网的等级选定、整体设计、分级布设，并选择合理的控制测量观测方法，确保控制网布设能全面控制扫描区域，满足扫描测站和标靶布设要求。对于小区域或单体目标物扫描，通过标靶进行闭合时可不布设控制网。

（4）扫描测站布设

根据扫描作业目的、精度要求、范围大小、测区地形、交通状况及作业效率综合考虑扫描测站的布设方案；依据测区地形地势、扫描距离、入射角度等确定扫描测站的位置。

（5）标靶布设

若数据处理采用有标靶的配准模式，则需要布设标靶，标靶应在扫描范围内高低错落均匀布置。

（6）点云数据采集

扫描作业前将仪器放置在扫描环境中 0.5h 以上[115]；仪器架设置，基座安装并初步调平；扫描仪主机及其电源安装；调节水准气泡和电子水准仪至水平；使用扫描自身系统或采用网络、无线网络操作控制。设置项目名称、扫描日期、扫描站号、采集分辨率和扫描质量等信息；进行预扫描，检查扫描的可行性；开始扫描作业，进行点云数据采集。

（7）图像数据采集

每测站扫描结束后需进行图像数据采集，可采用扫描仪内置相机与激光扫描同步获取，也可采用外置相机进行拍摄；若采用外置相机拍摄，拍摄角度应保持镜头正对目标面，无法正面拍摄全景时，应先拍摄部分全景，再逐个正对拍摄，后期再合成。

（8）数据检查

当前测站扫描结束后，浏览观察扫描结果，检查扫描范围完整性、标靶可用性等，若不满足则需重新扫描；扫描结束后，导出数据。

点云数据采集是扫描仪数据采集的关键步骤，以 Z＋F imager 5010 扫描仪为例，其使用主要流程涉及的界面如图 2-21 所示，具体如下[116]：开始界面、扫描菜单、电子水准仪界面、扫描参数（表2-8）等。分辨率 Resolution 包括极高（Extremely High）、超高（Ultra High）、特高（Super High）、高（High）、中（Middle）、低（Low）、预览（Preview）7 种模式，通常选择高（High）模式，角度增量竖向和水平均为 0.036°，像素为 10000，理想测距大于 5m，扫描时间 202s，储存大小为 385MB。质量（Quality）包括低（Low）、正常（Normal）、高（High）和优（Premium）4 种模式；等级越高扫描时间越长，但噪声等级（Rang Noise）会减小。

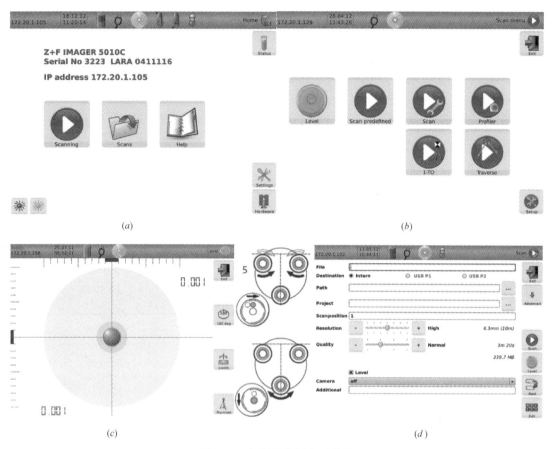

图 2-21　扫描仪使用主要流程

(*a*) 开始界面；(*b*) 扫描菜单；(*c*) 电子水准仪界面；(*d*) 扫描参数

扫描参数设置　　　　　　　　　　　　　　　　　　　　　　　　　　　　表 2-8

参数	参数功能描述及其设置方法					
文件(File)	可以输入当前扫描的文件名,包括字母、数字,以及用屏幕键盘输入的其他符号等。扫描时如未修改名称,则系统会将名字自动＋1 的原则来命名					
存储位置 (Destination)	可以选择数据存储位置;若设置内置(Intern)则将扫描文件存储于内部存储,若设置 USB 则将扫描文件存储在外部存储(U 盘等)					
路径(Path)	创建一个文件夹来存储扫描文件位置					
工程(Project)	定义工程名称,所有扫描将存储在此工程下					
扫描位置 (Scanposition)	定义扫描位置。将扫描文件与扫描位置对应;如果同一位置多次扫描,则取标靶识别最好的做计算					
分辨率 (Resolution)	选择扫描分辨率;通过滑块来改变分辨率,选择合适的分辨率					
	分辨率级别	角度增量(°)	像素(360°)	理想测距 (m)	扫描时间 (s)	储存 大小
	极高(Extremely High)	H＝V＝0.004	100000	＞100	2022	37.7GB
	超高(Ultra High)	H＝V＝0.009	40000	＞40	1600	6GB
	特高(Super High)	H＝V＝0.018	20000	＞20	404	1.5GB
	高(High)	H＝V＝0.036	10000	＞5	202	385MB
	中(Middle)	H＝V＝0.072	5000	＞2	100	96MB
	低(Low)	H＝V＝0.144	2500	＞1	51	26MB
	预览(Preview)	H＝0.288;V＝0.228	1250	＞0.5	31	5MB

参数	参数功能描述及其设置方法
质量（Quality）	定义扫描质量等级，通过滑块来改变质量等级。可选择低（Low）、正常（Normal）、高（High）和优（Premium）四种质量模式；等级越高扫描时间越长，但噪声等级（Rang Noise）会减小（如：High 与 Normal 相比 Range Noise 减少到原来的 1/1.4，但是扫描时间加倍）
整平（Level）	仪器配有双轴补偿仪，能时刻监测仪器和脚架的微小移动。如激活双轴补偿仪，仪器有微小移动时，出现警告信息"Movement detected while scanning！（扫描时检测到移动！）"。同时还监测 X、Y 轴的倾斜角度，如果超过 0.5°，则警告："Level out of range！（超出范围！）"
相机（Camera）	可外接数码相机，如果此选项激活，扫描完成后相机将按预定位置进行拍照。off 无相机连接，关闭相机；i-cam、digi-cam 分别为 i-cam、digi-cam 相机打开，扫描完成后，按步骤拍照；m-cam dark、normal、bright、sun 分别在环境光比较暗、正常、较亮户外阳光强烈的情况下用此设置
备注（Comment）	关于扫描的额外信息，它将存储在首文件中
操作者（Operator）	关于扫描工作人员的信息，它将存储在首文件中
水平（Horizontal）	定义水平扫描范围：点击编辑按钮，在左侧栏输入开始扫描角度，右侧栏输入结束扫描的角度。还可以手动旋转扫描仪通过箭头按钮来设置扫描角度
竖直（Vertical）	选择竖直扫描范围；用户可选择预定义或自定义扫描范围：Visible（V20°～340°）、Full、Left（V20°～180°）、Right（V180°～340°）、Top（V100°～260°）、User（用户自定义输入开始扫描的角度和结束扫描的角度）

2. 车载型激光扫描流程

车载型激光扫描系统的数据采集主要包括：GPS 基准站的建立、时间同步、空间配准、GPS/INS 组合系统导航、激光数据获取以及 CCD 相机数据获取，其数据采集示意图和数据采集流程分别如图 2-22 和图 2-23 所示。

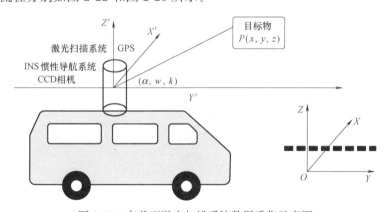

图 2-22　车载型激光扫描系统数据采集示意图

3. 机载型激光扫描流程

机载激光扫描系统的数据采集主要包括：申请空域、飞行区域资料（测区的地图资料）的准备、激光与相机检校、GPS 基准站的建立、航飞设计、GPS/INS 组合系统导航、激光点云数据采集和影像数据获取，其数据采集示意图、数据采集流程和飞行设计分别如图 2-24～图 2-26 所示。

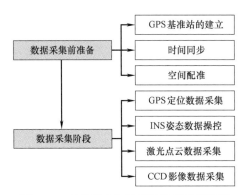

图 2-23　车载激光扫描系统数据采集流程

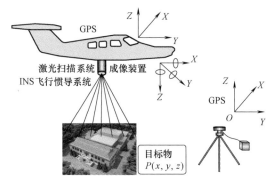

图 2-24　机载型激光扫描系统数据采集示意图

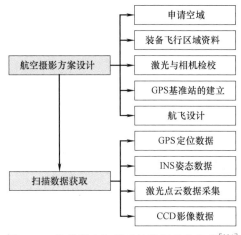

图 2-25　机载激光扫描系统数据采集流程[114]

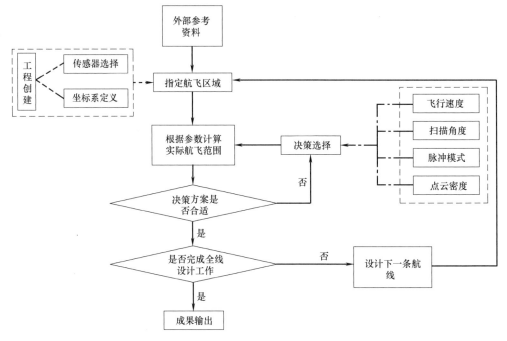

图 2-26　机载激光扫描系统飞行设计流程[114]

2.4.2 扫描注意事项

1. 控制测量

控制测量包括平面和高程控制。可参考《水电工程三维激光扫描测量规程》NB/T 35109—2018 中控制测量要求[117]，对于机载型三维扫描，控制测量应满足表 2-9 中的规定，对于一等点云精度，机载三维扫描网点布设不应少于 2 个，间距为 13～50km。

控制测量要求 表 2-9

点云精度	平面控制	高程控制
一等	单独设计	单独设计
二等	二级导线、二级 GNSS 静态	四等水准
三等	三级导线、三级 GNSS 静态	四等水准
四等	图根导线、GNSS 静态或动态	图根水准

2. 扫描测站布设

扫描测站应设置在视野开阔、地面稳定的安全区域，均匀布设，扫描范围应覆盖整个扫描目标物，图 2-27 为不同特征地形情况扫描测站建议的布设方式，图中 1 表示扫描测站、2 表示目标物。测站数应进行优化，并尽量减少，扫描目标物复杂、不能通视的情况，应适当增加测站数；扫描高度不满足要求，可搭设平台辅助设施；若需观测扫描测站坐标，可采用 GNSS、RTK（Real-time kinematic，实时动态）、全站仪测量等方法，同时需满足控制测量的观测要求。

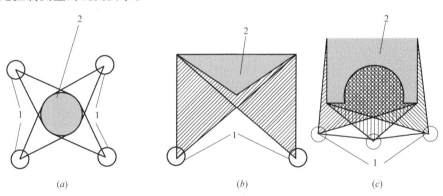

图 2-27 扫描测站布设方式[117]
(*a*) 孤立型；(*b*) 凸型；(*c*) 凹凸相间型

3. 标靶布设

标靶应布设在视野开阔、视线良好、易于从点云或影像识别的位置，避开布设至强反射背景区域，且应确保标靶在作业期间稳定、可见，保证标靶正面与扫描仪激光入射方向垂直；变形监测项目中，标靶应固定布设在变形体外围的稳定位置；每扫描测站标靶数至少布设 4 个，建议布设 5～6 个，相邻扫描测站标靶数至少布设 3 个；标靶的直径应根据扫描测站至标靶的距离确定，直径应大于距离的 3～5 倍；若需测量标靶的三维坐标，采用同一控制点或不同控制点测 2 次，平面、高程误差不大于 2cm；可利用目标唯一、易于识别的陡壁、建筑物、桥梁，以及线杆等具有棱角的固定地物特征点代替标靶。

4. 点云数据采集

点云数据采集过程中扫描仪与扫描目标的激光入射角不宜大于45°；扫描过程中不应近距离直接对准棱镜、镜面玻璃、大面积荧光屏、积水等强反射物体，全过程中应避免仪器受到振动；扫描作业应避开大风、雾霾、降雨等恶劣天气环境。

《水电工程三维激光扫描测量规程》NB/T 35109—2018 中要求[117]，点云数据采集设置的点云密度可根据表 2-10 的规定选用，对于地下控制测量重构、变形监测等点云密度需根据项目需要单独设计，点云平面及高程允许中误差可根据表 2-11 和表 2-12 选用。

三维激光点云密度 表 2-10

比例尺	数字高程模型格网间距（m）	点云密度（点/m²）			
		平地	丘陵地	山地	高山地
1：200	0.4	2.50	5.00	7.50	10.00
1：500	1.0	1.00	2.00	3.00	4.00
1：1000	2.0	0.50	1.00	1.50	2.00
1：2000	2.5	0.25	0.50	0.75	1.00
1：5000	5.0	0.10	0.15	0.30	0.40
1：10000	5.0	0.10	0.15	0.30	0.40

点云平面位置允许中误差 （mm） 表 2-11

比例尺（1：M）	平地、丘陵地	山地、高山地
M=200	±0.85M	±1.10M
M=500、1000、2000	±0.60M	±0.80M
M=5000、10000	±0.50M	±0.75M

点云高程允许中误差 （m） 表 2-12

网格高程间距	精度等级	平地	丘陵地	山地	高山地
5.0	一级	±0.25	±0.88	±2.12	±3.54
	二级	±0.34	±1.20	±2.89	±4.81
	三级	±0.49	±1.77	±4.24	±7.07
2.5	一级	±0.12	±0.35	±1.00	±1.41
2.0	二级	±0.20	±0.48	±1.34	±1.91
1.0	三级	±0.25	±0.70	±1.95	±2.83

对于无标靶的点云数据采集，采集过程中应保证相邻扫描测站间有效点云具有一定重叠区域，且重叠度不低于30%。

5. 图像数据采集

图像数据采集宜选择光线较为柔和、均匀的天气进行拍摄，避免逆光拍摄，能见度过低或光线过暗时不宜拍摄；拍摄过程中相邻两幅图像的重叠度应不低于30%；采集图像过程中应绘制图像采集点分布示意图；《水电工程三维激光扫描测量规程》NB/T 35109—2018 中要求[117]，图像数据采集中像元大小应满足表 2-13 的要求。

图像元大小 表 2-13

等级	一等	二等	三等	四等
像元大小	≤3mm	≤10mm	≤25mm	≤50mm

6. 数据检查

数据检查内容包括：相邻扫描测站点云数据重叠度、点云及图像数据完整性及精度、标靶或特征点的正确性等，其中点云数据缺失（完整性）成因分析及对策如表 2-14 所示；对于不符合要求的点云数据应重新进行扫描。

点云数据缺失成因分析及对策 表 2-14

编号	点云数据缺失成因	处理对策
1	镜面反射缺失	缺失邻域纹理保留几何结构特征,可修复性高
2	外物遮挡缺失	多站多角度互补扫描修补缺失或采用全回波激光扫描仪采集
3	自遮挡缺失	多站多角度互补扫描修补缺失
4	细节缺失	基于样本的修复方法或细部高分辨扫描修复缺失
5	扫描盲区缺失	多站多角度互补扫描修补缺失
6	激光吸收缺失	喷涂重新扫描、避免雨天扫描作业

2.5 三维激光扫描数据处理技术

2.5.1 数据处理基本流程

数据处理基本流程包括点云数据处理和数字产品制作等，本章重点介绍点云数据处理，数字产品制作将在第 3~5 章介绍。

1. 地面型激光扫描数据处理流程

地面型激光扫描数据处理流程包括点云处理、图像处理和数据融合，如图 2-28 所示。点云处理流程依次为：点云去噪、点云配准（拼接）、坐标转换、点云着色、数据修剪等；图像处理流程依次为：预处理、要素提取等[118]；数据融合即将点云处理得到的最终点云数据和图像处理得到的最终图像数据进行融合处理。其中，点云配准包括有标靶和无标靶的两种方法。

2. 车载或机载型激光扫描数据处理流程

车载或机载型激光扫描数据处理流程包括图像处理、导航数据处理、点云处理和数据融合，如图 2-29 所示。与地面型激光扫描数据处理流程不同的是增加了全球导航卫星 GNSS 和惯性测量（Inertial Measurement Unit，IMU）数据组合导航数据的处理[119]。

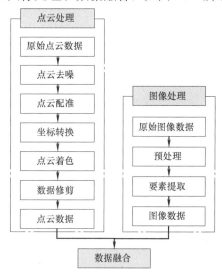

图 2-28 三维激光扫描数据处理一般流程

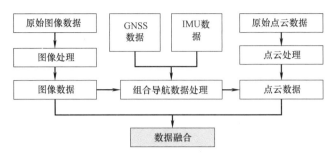

图 2-29　车载或机载型激光扫描数据处理一般流程[119]

3. 多源数据融合处理流程

多源数据融合是将激光、拍照、多波束、雷达等扫描仪获得的数据进行融合处理。例如，为了获得完整的建筑物模型，通常将无人机倾斜摄影获取的屋顶结构图像数据与地面三维激光扫描获取的下部主体结构点云数据进行融合处理。以融合机载激光扫描点云和高光谱成像数据融合为例[30]，介绍多源数据融合处理的流程，如图 2-30 所示，主要包括点云分割、成像数据分割、相交处理和目标数据提取等步骤。

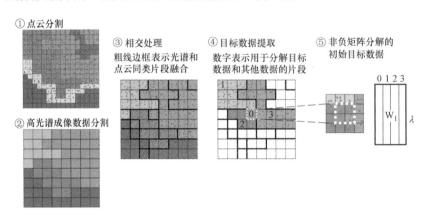

图 2-30　多源数据融合流程示例[30]

2.5.2　数据处理软件选择

三维激光扫描仪统计分析表明，不同生产商的扫描仪多数配有对应的后处理软件，以 Z+F IMAGER 5010C 为例，其对应的后处理软件为 Z+F LaserControl。此外，常用的后处理软件包括：3Dreshaper、Geomagic Control、JRC 3D Reconstructor 等。代表性三维激光扫描仪后处理软件功能简介见表 2-15。

代表性三维激光扫描仪后处理软件功能　　　　　　　表 2-15

软件名称	功　　能
Z+F Laser Control	主要功能:通过计算机控制三维激光扫描仪、数据获取、数据分析、数据处理、数据输出(导出适合其他软件的数据)
	细部功能:初步处理扫描获取的点云数据、点云数据拼接、数据处理包括点云去噪(包括反射强度、距离过滤、分辨率等过滤噪声的方式)、点云拼接、标志标靶信息、拼接多测站点云数据、点云着色、点云测量等

软件名称	功　　能
PointShape	主要功能:三维扫描数据模型重建、BIM 模型构建、检测分析 细部功能:云管理工具、点云视景工具、工厂建模工具、建筑建模工具、道路建模工具、几何拟合工具、二维绘图工具、实用工具
3Dreshaper	主要功能:侧重用于隧道点云数据的检测分析 细部功能:点云处理、3D 点云网格划分、模型对比检测、纹理映射、逆向处理、体积/容积计算、模型网格优化、隧道检测分析、3D 网格划分及纹理处理、3D 网格划分及体积比较
M-cloud	与 3Dmax 软件转化,导入 3Dmax
Geomagic Control	主要功能:检测自动化平台(侧重于质量检测、模型重构)、与 CAD 模型对比、扫描模型截面分析、生成 3D pdf 文件 细部功能:与多种主流测量设备的直接接口、参考几何数模的智能识别、点云和多边形网格分析、叶型分析、高级 GD&T 功能、输出报告、基于特征的自动对齐、无 CAD 名义值状况下检测、交互式引导检测
Geomagic Studio	主要功能:逆向工程软件、将三维扫描数据转化成 3D 模型、可与 SolidWorks PRO/E Catia 等软件互转化 细部功能:点云处理(点云清理、网格处理、填充孔、细部浏览)、数据拼接、合并、特征创建、零件摆正、创建截面线、重新封装、曲面处理(自动合并曲面篇、自动曲面化、参数曲面、指定半径倒圆角)、点→多边形→参数曲面→精确曲面→绘制曲面片布局图,扫描→处理→打印,扫描→封装→CAD 模型,扫描→曲面→分析(FEA,CFD)
Geomagic 其他软件	Geomagic Design:产品设计/创建三维模型;Geomagic Design Direct:直接扫描到软件,创建三维实体模型和基于不完整扫描数据出图;Geomagic Design X:原始数据导出到您的 CAD 软;Geomagic Freeform:基于体素建模,可导入 stl obj 等文件
JRC 3D Reconstructor	主要功能:地面式、车载、机载等多源点云数据配准,无标靶测站配准及地理参考,点云预处理,纹理映射,网格创建,数据处理 细部功能:点云处理、体积、面积等测量、变形对比分析,等高线获取
PointCab	主要功能:侧重于快速生成平面图及地形图 细部功能:平剖或纵剖生成平面图、标注或测量、照片匹配、自动化提取矢量线、三角网建模、3D 点提取、虚拟全景、点云配准

2.5.3 数据处理软件使用流程

1. Z+F LaserControl

Z+F LaserControl 处理点云数据的主要流程可概括为:

(1) 导入点云数据。打开 XX. zfprj 工程文件,导入工程内的所有扫描测站数据,见图 2-31 (a)。

(2) 点云过滤去燥。选择 Preprocessing 预处理模块,点击过滤工具(包括混淆像元、强度、无效点、距离、单像元、抽稀过滤器等),实现点云数据的去燥。处理界面,见图 2-31 (b)。

(3) 点云配准。选择 Register 配准模块,采用球标靶或标靶纸等进行拼接。分别打开每一个测站,查找站内的标靶球或标靶纸,进行编号,并保证多测站中同一个标靶编号相同；所有测站的标靶编号标识完成后，选择标靶配准方式，确定后进入配准数据选择界面，选择所有站点及标靶，选择配准算法，采用最小二乘算法（默认算法）实现多测站点云数据的拼接；此外，还可选择自动识别标靶、标靶板、公共点、Cloud to Cloud（点云到点云）、导线标定、Plane to Plane（面到面）等拼接方法；待拼接完成后，则会弹出拼接报告，显示当前每一个标靶的拼接误差。红色字体表示拼接误差不满足要求或拼接错误，需要重新操作，重复上述步骤，直至无拼接警告出现为止，拼接精度可达到毫米级。处理界面，见图 2-31（c）。

（4）点云着色。选择 Color 着色模块。点击一键着色按钮，选择所有扫描测站，保持默认设置，实现对所有测站点云数据的着色。处理界面，见图 2-30（d）。

（5）3D 显示测量及数据输出。选择所需的区域实现 3D 视图显示，点击 Export 导出通用格式 .asc 或 .xyz 等，实现与其他后处理软件的对接。

详细使用说明见 Z＋F LaserControl Manual（V 8.6）[120]。

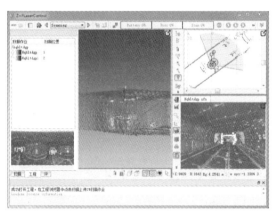

（a）

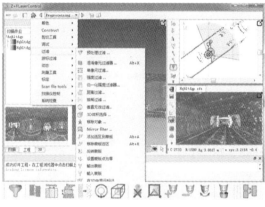

（b）

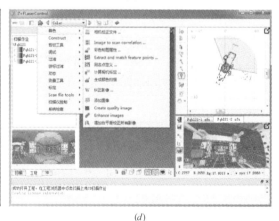

（c）   （d）

图 2-31 Z＋F LaserControl 流程
（a）导入点云数据；（b）点云去燥；（c）点云配准；（d）点云着色

2. Geomagic Control

Geomagic Control 处理点云数据的主要流程可概括为：

（1）扫描点云数据处理。点云数据配准、点云数据调整（自动处理、手动处理、点云数据的密度调整）、点云数据处理（移除尖角、降噪、修复处理、多方式补洞）、多个扫描部件的拼接、基于点云的三维模型自动创建等。见图 2-32。

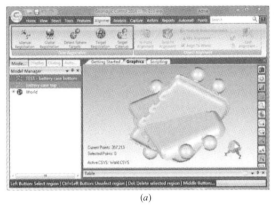
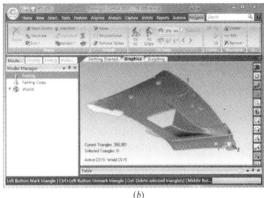

(a)　　　　　　　　　　　　　　　　　　(b)

图 2-32　Geomagic Control 扫描点云数据处理

（a）点云配准；（b）数据处理

（2）打开处理后的点云数据，导入参考模型。见图 2-33（a）。

（3）创建模型要素。点、线、面和体图形的创建。见图 2-33（b）。

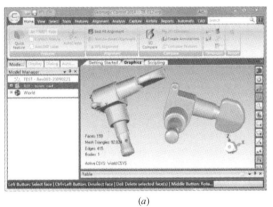
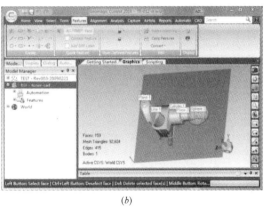

(a)　　　　　　　　　　　　　　　　　　(b)

图 2-33　Geomagic Control 导入参考模型及创建模型要素

（a）导入参考模型；（b）创建模型要素

（4）将被检测对象与参考模型对齐。多个对象的对齐方式包括自动最佳对齐、基于点/线/面的最佳对齐，以及参考点轴的最佳对齐。见图 2-34。

（5）被检测对象与参考模型的 3D 对比分析。扫描数据与设计模型的对比分析：三维模型对比分析、二维模型对比分析。见图 2-35。

（6）性状特征分析及标注。质量特性检测、三维模型厚度测量、特性比较及标注创建、几何特性标注。见图 2-36。

（7）2D 截面分析。二维模型比较、二维截面生成以及二维模型自动标注等。见图 2-37（a）。

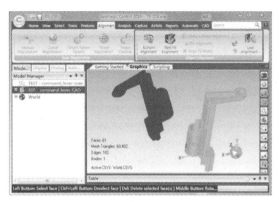

图 2-34　Geomagic Control 模型对齐

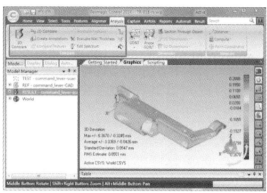

图 2-35　Geomagic Control 3D 对比分析

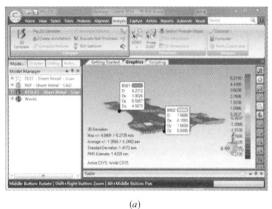

(a)

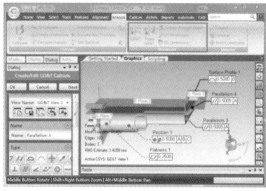

(b)

图 2-36　Geomagic Control 性状特征分析及标注

（a）特征分析；（b）标注

（8）报告输出（自动生成分析报告）。自动生成分析报告设置、同类模型自动处理分析。见图 2-37（b）。

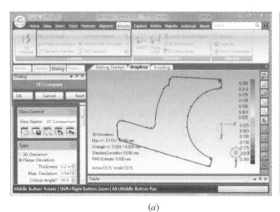

(a)

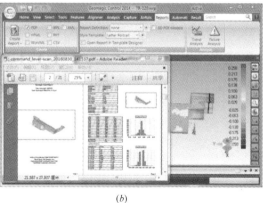

(b)

图 2-37　Geomagic Control2D 截面分析及输出报告

（a）2D 截面分析；（b）输出报告

详细使用说明见 Geomagic Control（Version 2014）[121]。

3. 3Dreshaper

3Dreshaper 的主要功能可概括如下：

（1）点云处理。手动或自动选择、自动过滤（降噪、距离分解、彩色分解、定性采样和点云密度平均化）、智能还原、多数据格式导入、渲染和选择。见图 2-38。

（2）3D 点云网格划分。点云网格划分、细化网格、填充空洞、网格分解、提高局部网格精度、删除不合理网格、网格再划分、提取模型特征。见图 2-39。

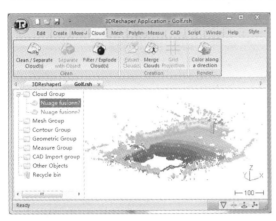

图 2-38　3Dreshaper 点云处理

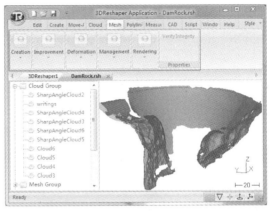

图 2-39　3Dreshaper 3D 点云网格划分

（3）模型对比检测。自动提取测量标靶中心、快速注册与配准、建立与模型匹配坐标系、2D 和 3D 对象对比生成云图、色谱偏差分析、生成任意点标签。见图 2-40。

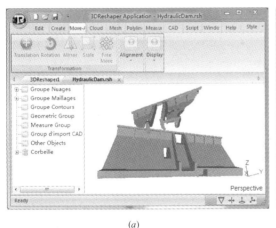

(a)

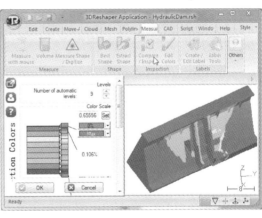

(b)

图 2-40　3Dreshaper 模型对比检测

（a）模型配准；（b）对比检测

（4）纹理映射。根据相机参数或参考点映射到 3D 网格上、使用相机内参和外参自动映射纹理、根据多张相片调整交界处纹理使之均匀、导出 3D 纹理网络、通过相机路径设置虚拟浏览。见图 2-41。

（5）逆向建模（网格模型转化成 CAD 等模型）。根据 3D 网格自动生成等高线、依照点云拟合缺失部分、自动提取地面轮廓线、快速绘制平面图并输出。见图 2-42。

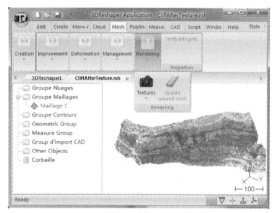

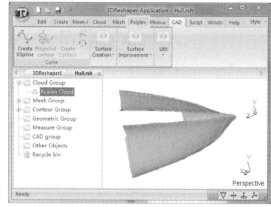

图 2-41　3Dreshaper 纹理映射　　　　　图 2-42　3Dreshaper 逆向处理

（6）体积/容积计算。计算封闭体体积、计算液体体积、计算土方量、生成标签、定制 CSV 格式报告。见图 2-43。

（7）模型网格优化。处理模型网格、智能平滑、自定义填充孔、优化采样方式、修复和提取模型轮廓、边缘重建等。见图 2-44。

（8）隧道检测分析。包括：中轴线计算、沿轴线横断面、横断面对比分析、任意段的超欠挖体积计算、2D 和 3D 检测图、生成标签和报告、PDF 及视频文档等。见图 2-45。

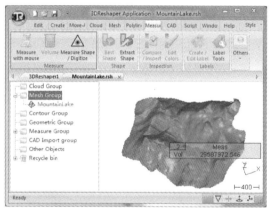

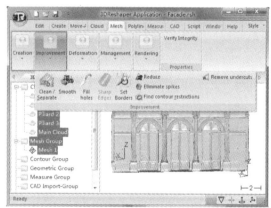

图 2-43　3Dreshaper 体积/容积计算　　　　图 2-44　3Dreshaper 模型网格优化

（9）3D 网格划分及纹理处理；处理网格、处理模型纹理，根据点云生成网格，智能率除植被。见图 2-46。

（10）3D 网格划分及体积比较。计算最佳拟合网格、计算和比较两个网格之间体积、罐体的检测。见图 2-47。

详细使用说明见 3DReshaper（Version 2014）[122]。

4. 多种软件交叉融合

以无标靶多扫描测站点云数据快速拼接为例[123]，介绍多软件交叉融合数据处理流程，如图 2-48 所示。数据处理软件采用 Z＋F LaserControl（版本：V 8.9.2.22191）和

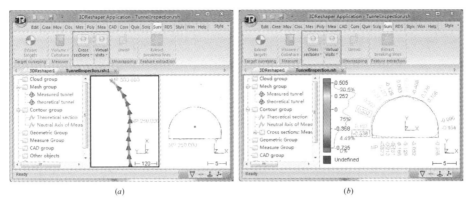

图 2-45 3Dreshaper 隧道检测分析

（a）中轴线计算；（b）对比分析

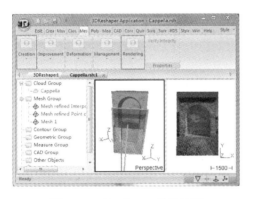

图 2-46 3Dreshaper 纹理处理

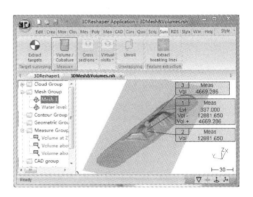

图 2-47 3Dreshaper 体积比较

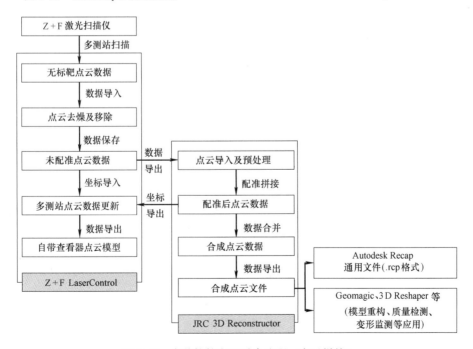

图 2-48 多种软件交叉融合流程（点云拼接）

JRC 3D Reconstructor（版本：V 3.3.1.694），具体流程如下：

（1）点云数据导入

启动 Z+F LaserControl 软件，在新建的工程中加载外业扫描站点点云数据（＊.zfs 文件）。如图 2-49 所示，左侧为三维视图，右下侧为二维视图，右上侧为站点位置视图。

图 2-49　点云数据导入

（2）点云数据去噪处理

未经处理的外业扫描点云数据中含有无效的噪点，点云去噪处理，利用蒙版工具对噪点进行过滤。点击"Preprocessing"预处理模块，选取添加的站点数据，点击"漏斗状"图标（图 2-50）。在"Additional"对话框中勾选"Filter"下的所有过滤选项后进行一键式预处理（图 2-51）。

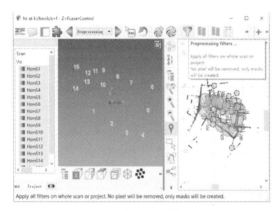

图 2-50　预处理操作界面

图 2-51　预处理过滤选项

（3）点云选择与移除

外业扫描过程中常常扫描一些与项目无关的数据，如行人、车辆等，这些无关点云在数据处理时移除。"3D 体积选择"可以通过选择 3D 数据并删除体积内或外的点云来实现移除。在二维视图中选择要移除的内容，在三维视图中调整好，3D 选择立方体的大小及角度后，移除体积内的点云，被移除的对象在二维视图中以着色的方式显示（图 2-52）。所有测站数据无关内容移除后，保存当前工程并将各测站的点云数据导出（图 2-53）。

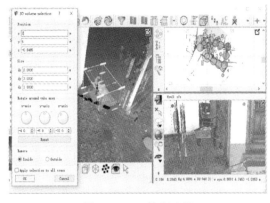 

图 2-52　3D 体积选择　　　　　　　　　　图 2-53　导出站点数据

（4）多测站点云数据导入及自动预处理

启动 JRC 3D Reconstructor 软件，创建一个新工程。点击"导入点云"，选择并打开上一步骤中保存的站点数据。在"扫描处理向导"对话框中勾选"正在预处理"选项，点击"更多设置"按钮，在"排列工作区设置"对话框中点击"正在预处理"选项，在设备列表中选择好所使用的三维扫描仪型号，点击"处理"按钮，进行数据导入和自动预处理（图 2-54）。

（5）自动预拼接

在"配准"工具下拉菜单中点击"自动预配准"，在"自动预配准"对话框中设定参考扫描测站和移动扫描测站，勾选"假设垂直方向正确"选项，点击"预配准"按钮，开始扫描站点的自动预拼接（图 2-55）。

 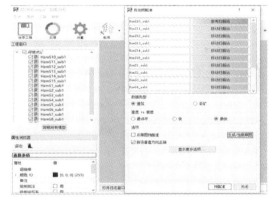

图 2-54　自动预处理设置　　　　　　　　图 2-55　自动预配准设置

自动预配准过程中，需要对拼接结果进行逐对站点位置检查。在"自动预配准"对话框中点击"逐对检查对齐"按钮（图 2-56），根据每次加载的两测站位置检查拼接是否正确。全部检查正确后，完成扫描站点的预拼接过程，此时全局平均拼接误差控制在分米级水平（图 2-57）。

（6）自动精准拼接

在"配准"工具下拉菜单中点击"光束法平差"，在"光束法平差"对话框中设定参

47

考扫描站和移动扫描站，勾选"所有扫描站具有固定的垂直方向"选项，点击"开始"按钮进行自动精准拼接（图 2-58），处理完成后可以看到平均拼接误差控制在毫米级水平（图 2-59）。至此，15 个扫描站点已正确拼接。

图 2-56　逐对检查对齐

图 2-57　自动预配准拼接误差

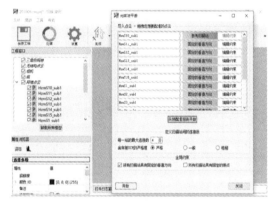

图 2-58　光束法平差设置

图 2-59　自动精配准拼接误差

（7）多测站点矩阵坐标信息导出

在"工程窗口"中右键点选第一个站点文件，在菜单中依次点选"姿态 & 配准"、"姿态"，在"转换矩阵"对话框中点击"复制矩阵"按钮（图 2-60）。将复制的站点矩阵坐标信息粘贴到新建文本文件"站点 1. txt"中并保存（图 2-61），然后用同样的方法将各测站的拼接位置矩阵坐标信息保存到相应的文本文件中。

（8）多测站点云合并及导出

在"工程窗口"中右键点击勾选要合并的站点文件，在菜单中依次点选"点过滤 & 合并"、"生成单个点云"，在"单点云合并"对话框中勾选需要的输出色选项，点击"集成点云"按钮。处理完成后勾选的站点点云就被合成为单个无结构点云（图 2-62）。

在"工程窗口"中右键勾选已合成的单个点云文件，在菜单中依次点选"导出"、"导出模型为"，在"导出格式"对话框中选择（.las）格式，在"Export Las"对话框中勾选"Export position in current UCS"和"Reflectance"选项（图 2-63），点击"OK"按钮后导出文件。

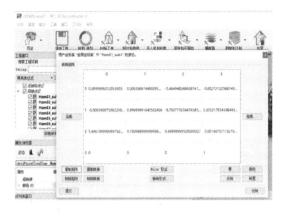

图 2-60　站点姿态

图 2-61　复制站点矩阵坐标

将导出的文件（.las、.ply、.xyz、.pts 等格式）在 Autodesk ReCap 软件中转化成通用格式（.rcp）文件，可以为 AutoCAD、Revit、Navisworks 等软件提供高精度的点云模型。

图 2-62　单点云合并

图 2-63　文件导出选项

（9）多测站点云矩阵坐标信息更新

返回 Z+F LaserControl 软件，右键点选工程窗口中的一个测站，点击"Register info"菜单，在"Register info scan position"对话框中点击"Read"按钮，选择步骤（7）中保存的包含矩阵坐标的相应测站文本文件，在"Translation /Rotation"对话框中选取"4×4 Matrix"项。在"Register info scan position"对话框中点击"Update"按钮，更新当前测站的矩阵坐标位置信息（图 2-64）。采用同样的方法将剩余各测站的矩阵坐标位置信息进行更新，于此完成了 Z+F LaserControl 中多测站点云数据的精准配准拼接过程（图 2-65）。

选择已拼接的测站，点击"Export project to go"菜单，在指定文件夹中导出自带查看器的点云模型 *.rcp，可进行查看以及常规测量操作，也可在 Autodesk ReCap进行查看、可视化处理，数据处理后的点云模型可用于测量重构、质量检测和变形监测。

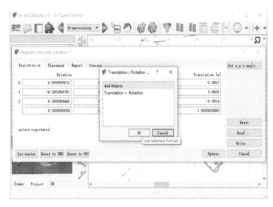

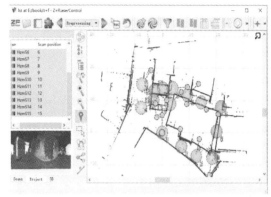

图 2-64　读取并更新站点信息　　　　　图 2-65　站点拼接完成

2.6　三维激光扫描精度分析与控制

为了确保三维扫描成果准确、可用，满足设计要求，扫描精度分析与控制十分重要。下面将重点介绍静态三维激光扫描仪的误差来源和精度控制措施。

2.6.1　扫描精度分析

影响三维激光扫描测量的精度，即点云误差影响因素主要包括：仪器性能指标、目标表面因素、环境因素和点云匹配（点云配准或拼接）等因素。具体如图 2-66 所示。

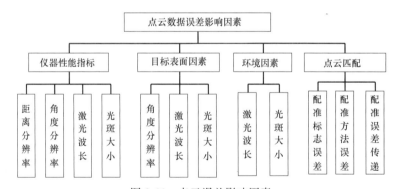

图 2-66　点云误差影响因素

1. 仪器性能指标误差

三维激光扫描仪使用过程中，由于仪器本身引起距离分辨率、角度分辨率、激光波长、光斑大小改变的误差，称之为仪器性能指标误差。

对于静态三维激光扫描仪，仪器本身误差由激光雷达系统和机械偏转系统产生的误差（图 2-67）。前者误差来源包括线性误差和测距噪声，后者误差来源为测角误差。

（1）线性误差

激光雷达系统测距误差包括可预测（稳定）误差和不可预测（随机）误差。可预测误差可通过校准程序进行修正，其原理如图 2-68 所示。具体通过不断改变一个固定于滑轮车的已知反射率标靶板的位置，在每个位置 i 通过扫描仪进行扫描采样 10000 次，测出不

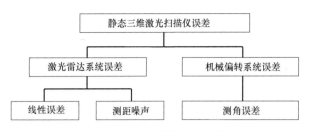

图 2-67 静态三维激光扫描误差

同反射率和距离，同时通过更高精度激光干涉仪测得扫描仪与标靶板的真实距离 $D(i)$，通过对比 10000 次扫描数据平均值与 $D(i)$ 的误差值，即可计算修正值。通过校准仍无法消除的微小误差，称之为线性误差，仍可通过校准程序进行测定。

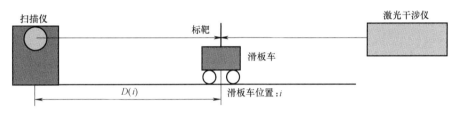

图 2-68 可预测误差校准

线性误差是随机误差，不符合正态分布，可由均方根值（RMS）来确定。其大小总是在 0 位置上下浮动，与被测物体远近无关，可视为常数。扫描仪的线性误差小于等于 1mm，是指误差在 ±1mm 以内浮动。

（2）测距噪声

测距噪声是指特定距离下 10000 次测距采样值与其均值的差值，符合高斯正态分布，可以表征每次测距读数的分布情况，通常以 1 Sigma 表示。1 Sigma 表示平均值为基准 ±1Sigma 以内占所有测距采样值的 68.3％。

测距噪声不可避免，任何点云数据均有，无论是墙面或地面，扫描点云侧视图不是一条直线，而具有一定厚度（图 2-69），厚度取决于它测距噪声点的范围，如表 2-16 所示。

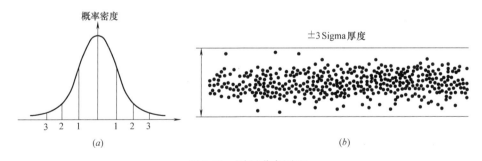

图 2-69 测距噪声原理
（a）高斯正态分布；（b）测距噪声厚度

影响测距噪声大小的因素包括扫描仪与被测物体的距离和物体表面反射率。研究表明，测距噪声大小随着距离的增大而增大，随着表面反射率增大而减小。对于获取数据速率高的扫描仪，测距噪声还与采集速率有关。如表 2-17 所示，扫描仪 B 测距噪声小于扫描仪 A，但是考虑到数据采集速率的影响，测距噪声应按照式（2-4）计算。

表 2-16

测距噪声与点云厚度的关系

测 距 噪 声	点 云 厚 度
±1Sigma	68.3％的点云
±2Sigma	95.5％的点云
±3Sigma	99.7％的点云

表 2-17

测距噪声与采集速率的关系

扫描仪	测距(m)	目标反射率(%)	采集速率(点/s)	测距噪声(mm)
A	100	37	127000	3.8
B	100	37	10000	1.5

$$N_S = \frac{N_R}{\sqrt{R_A}}$$
(2-4)

式中，N_S 为标准化测距噪声，单位为 mm；N_R 为测距噪声，单位为 mm；R_A 为采集速率，单位为点/s。

得到扫描仪 A、B 的标准化测距噪声分别为 0.011mm、0.015mm，显然，扫描仪 B 测距噪声大于扫描仪 A，因此，测距噪声的大小还应该考虑采集速率的影响。

（3）测角误差

机械偏转系统激光束的发射角度是基于反射镜的角度测量的，真实发射角度与反射镜实际角度的误差称之为测角误差。测角误差包括水平测角误差 E_α、竖直测角误差 E_β（图

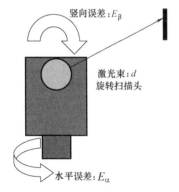

图 2-70 测角误差

2-70），也包含平均误差与标准差。平均误差可通过校准程序改正，随机误差只能通过标准差确定。标准差用 1Sigma 表示，例如，测角误差为 0.008°即有 68.3％的激光束角度误差小于等于 0.008°。角度误差在测量距离较远时，对点云的三维误差影响较大。测角误差单位为 mrad，例如 1 mrad 表示点位误差的距离增加 1m，误差增加 1mm。

（4）总误差

扫描仪总误差的理论值可由式（2-5）估计：

$$\|Err(D)\| = \sqrt{(E_\alpha \cdot D)^2 + (E_\beta \cdot D)^2 + E_L^2 + E_N^2}$$
(2-5)

式中，$Err(D)$ 为单个点的三维偏差，单位为 mm；D 为扫描仪距被测物体的距离，单位 m；E_α 为水平测角误差，单位为 rad；E_β 为竖直测角误差，单位为 rad；E_L 为线性误差，单位为 mm；E_N 为近似测距噪声，单位为 mm。

需要说明的是式中测角误差采用线性误差模型，接近水平角度时比较准确。式中未直接采用测距噪声而是近似测距噪声，原因是测距噪声与距离和表面反射率不是线性关系，无法通过线性公式描述，同时测距噪声还与采集速率有关，无法定量化。

以 Z+F imager 5010 为例，近似测距噪声 Noise 取值见表 2-18，采集速率为 254kHz（采集设置 "high res"/"normal quality"）。

近似测距噪声取值 表 2-18

距离	1Sigma：黑色（14%）	1Sigma：灰色（37%）	1Sigma：白色（80%）
10m	0.7mm	0.6mm	0.4mm
25m	1.4mm	0.9mm	0.7mm
50m	3.8mm	1.7mm	1.1mm
100m	14.1mm	5.4mm	2.8mm

将表 2-18 的数值代入式（2-5）得到 Z＋F imager 5010 的总误差理论值，如表 2-19 所示。

总误差理论值（以 Z＋F imager 5010 为例） 表 2-19

三维误差[RMS]	距离：10m	距离：25m	距离：50m	距离：100m
测距噪声不参与计算	2.0mm	4.4mm	8.7mm	17.3mm
白色（80%）	2.0mm	4.5mm	8.8mm	17.5mm
灰色（37%）	2.1mm	4.5mm	8.9mm	18.1mm
黑色（14%）	2.1mm	4.7mm	9.5mm	22.3mm

由表 2-19 可见，测距噪声对单点总误差的影响较小（距离大、反射率低的条件除外）；长距离条件下，测角误差对总误差的影响较大，短距离（≤10m）线性误差对总误差的影响较显著。

（5）集成误差

集成误差[124]，即三维激光扫描仪与其他设备（如 GNSS）集成应用引起的综合误差，主要包括偏心向量测定误差、扫描角测定误差、位置内插误差、系统安装误差、时间同步误差、动态时延误差等。车载型、机载型、星载型激光扫描系统均存在集成误差。

2. 目标表面因素误差

由扫描目标表面因素引起扫描角度分辨率、激光波长和光斑大小变化而产生的误差，称之为目标表面因素误差。目标表面因素包括：大小、表面形状、材质、颜色、反射面光滑度等。测程与反射面材质之间的关系[125] 如图 2-71 所示。

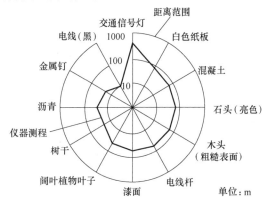

图 2-71 测程与反射面材质之间的关系[125]

3. 环境因素误差

由于扫描环境因素引起扫描激光波长和光斑大小变化而产生的误差，称之为环境因素误差。环境因素包括：温度、气压、折射、气旋涡、大气灰尘、障碍物、扫描目标背景等。

4. 点云匹配误差

由于点云匹配（配准拼接）而产生的误差，称之为点云匹配误差[126]，主要包括配准标志误差、配准方法误差和配准误差传递。

5. 三维激光扫描工程应用精度分析

（1）点云数据点位精度

通过试验分析三维激光扫描点云数据点位精度（图 2-72），具体在一墙面上随机布设 N 个（$N \geqslant 15$）平面靶标，采用扫描仪对靶标所在的区域进行精细扫描，将点云数据导入配套数据处理软件中，提取靶标的中心点坐标，同时采用全站仪测量 N 个平面靶标的中心点坐标；选取任一 3 个非共线的平面标靶作为控制点，根据坐标转换公式以及最小二乘间接平差，进行编程，计算三维激光扫描仪坐标系与全站仪坐标系转化的变换参数；将剩余靶标（N-3 个）作为检核点，基于所计算的变换参数，将扫描仪坐标系转换至全站仪坐标系下，并与全站仪测得的坐标进行比较，计算出各方向误差及点位中误差。以此可分析扫描仪扫描误差。

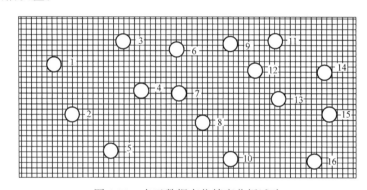

图 2-72 点云数据点位精度分析试验

（2）球靶标中心坐标提取精度

球靶标中心坐标的提取精度直接影响点云配准精度，通过实验分析其精度，具体方案为：在地面不同高度放置 N 个球型靶标（$N \geqslant 10$），采用扫描仪对该区域进行扫描，通过配套软件提取球型靶标的中心坐标，并采用全站仪测量各球的中心坐标；分别计算球型靶标之间的距离，将全站仪和扫描仪的测量结果进行对比分析，计算距离的中误差，以此分析球靶标中心坐标提取精度。

（3）特征线段的精度

三维激光扫描获取几何结构尺度的精度，直接测量的质量。可以通过将多组扫描仪所测实体模型计算所得的线段长度与全站仪实测的长度对比，计算多段特征线段的距离差，从而定量评价特征线段的精度。

（4）平面模型精度

平面建模是通过若干采样点来拟合平面，可通过实验分析其精度（图 2-73），具体在一个玻璃墙面上布设 N 个平面靶标（$N\geqslant30$），从左到右，从上到下，依次编号为 1，2，3，…，N；采用全站仪测量平面靶标的中心坐标，同时采用扫描仪扫描该玻璃墙面，在配套软件中提取 30 个平面靶标的中心坐标；将其中一组数据作为基准数据，用平面拟合的方法解算玻璃墙面的平面方程，计算另一组数据到该平面的距离，用此距离值来衡量模型的精度。

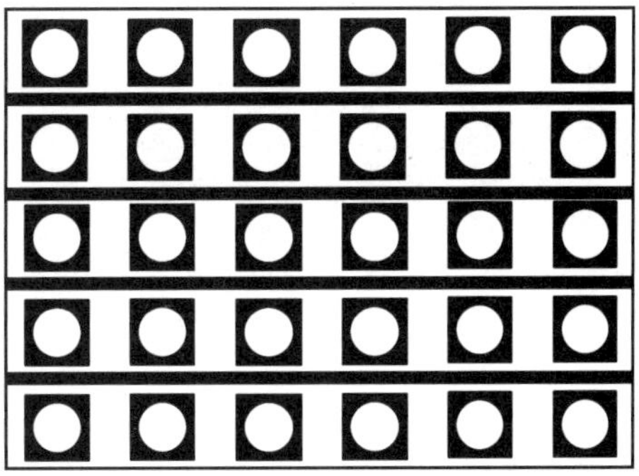

图 2-73　点云数据平面模型精度分析试验

2.6.2　扫描精度控制

1. 仪器性能指标误差控制

扫描仪的参数设置直接影响扫描精度和结果，通常通过合理设置扫描参数，减小仪器性能指标误差，下面以 Z＋F imager 5010 为例进行说明，其核心参数包括分辨率和质量。

分辨率设置直接影响激光束的密度、数据量大小以及扫描时间。表 2-20 给出了与分辨率相关的参数，表中给出了 10m 处的点间距，其他可依次推算，例如 30m 处的点间距会扩大 3 倍，60m 处的点间距会扩大 6 倍。

扫描分辨率参数　　　　　　　　　　　　　　　　　　　　表 2-20

分辨率（点/360°）	每测站点数量	点间距（10m 处）	数据量（大约）	扫描时间（Normal 普通模式）
Preview（预览）：1250	780000	50.26mm	2MB	0：26min
Low（低）：2500	3130000	25.13mm	8MB	0：52min
Middle（中）：5000	12500000	12.57mm	32.5MB	1：44min
High（高）：10000	50000000	6.28mm	130MB	3：22min
Superhigh（特高）：20000	200000000	3.14mm	520MB	6：44min
Ultrahigh（超高）：40000	800000000	1.57mm	2080MB	13：28min
Extremelyhigh（极高）：100000	3200000000	0.79mm	8320MB	81：00min

由表 2-20 可见，分辨率过低（Preview、Low）导致点间距较大，无法扫描识别细小结构物体特征；分辨率过高（Superhigh 及以上），扫描一站所需时间较长，且数据量较大，导致后期数据处理难度较大。因此，在实际应用中，设置低分辨率进行预扫描，扫描完成后，可选取局部区域，设置高分辨对重点区域进行扫描，以获取更高密度的点云。

质量设置改变了数据采集速率，对扫描时间和测距噪声的影响较大。表 2-21 给出了不同分辨率和质量下的数据采集速率（单位 kHz），表中 127kHz 为测试获取测距噪声的采集速率；括号中的数字是测距噪声的变化倍率，例如在分辨率设置 High（高）、质量设置 Normal（正常）时采集速率为 254kHz，测距噪声是标准测距噪声的 1.4 倍。分辨率不变时，质量模式每调高一档，相应的采集速率降低 1/2，但是每一站的点数量不变，则扫描时间会相应的增加 1 倍。例如在 High（高）分辨率下，质量设置 Normal（正常）扫描时间是 3：22min，质量设置 High（高）扫描时间是 6：44min，质量设置 Premium（优）扫描时间是 13：28min。从表中可看出，扫描质量越高，采集速率越低，测距噪声越低；

扫描分辨率越高，采集速率越高，测距噪声越高。

扫描质量参数   表 2-21

分辨率/质量	Low(低)	Normal(正常)	High(高)	Premium(优)
Preview(预览)	—	63.5kHz(0.7)	—	—
Low(低)	127kHz(1.0)	63.5kHz(0.7)	31.8kHz(0.7)	—
Middle(中)	254kHz(1.4)	127kHz(1.0)	63.5kHz(0.7)	31.8kHz(0.7)
High(高)	508kHz(2.0)	254kHz(1.4)	127kHz(1.0)	63.5kHz(0.7)
Superhigh(特高)	1016kHz(2.8)	508kHz(2.0)	254kHz(1.4)	127kHz(1.0)
Ultrahigh(超高)	—	1016kHz(2.8)	508kHz(2.0)	254kHz(1.4)
Extremelyhigh(极高)	—	1016kHz(2.8)	1016kHz(2.8)	—

总之，分辨率设置得越高，并非精度越高，不改变质量设置的条件下提高分辨率，则会降低精度。实际工程应用中，分辨率和质量的选择至关重要。建议如下：

（1）不宜追求高分辨率，否则扫描获取数据的质量则会更差，一般工程应用中建议分辨率设置 High（高）、质量设置 Normal（正常）；

（2）若扫描距离较远（＞50m）或对细节要求较高时建议分辨率设置 Super High（特高）；

（3）分辨率仅在扫描距离较远的局部扫描时设置 Ultra High（超高）、Extremely High（极高）；

（4）若扫描时间有限，建议质量设置 Low（低）；

（5）扫描距离较远（＞100m）、反射率很低、数据质量要求很高的时候，建议质量设置 High（高）或 Premium（优）。

此外，为了减少仪器性能指标误差，扫描仪应定期标定，确定测距和测角的系统误差。

2. 目标表面因素误差控制

目标表面因素误差目前只能通过实验研究其影响规律，利用扫描经验在实际操作中尽量避免。例如，通过实验确定测量距离与反射面的关系、不同材质反射物对测量距离的影响规律等，以此减小目标表面因素误差。扫描过程尽可能进行垂直扫描，以避免激光光斑形状引起扫描点位置的不确定性。

3. 环境因素误差控制

环境因素误差除了大气折射等误差源可以进行修正外，其他误差只能够通过仪器使用者选择合理的工作环境和时间来减小误差。工程应用中，尽可能通过缩短扫描距离，以减少大气对激光传输的影响。

4. 点云匹配误差控制

控制点云匹配误差，通常采用合理规划扫描作业、减少测站次数等方法减少由于点云配准引起的配准误差；选择合理的配准算法或方法减少匹配误差；采用滤波和拟合等数据处理手段，提高点云数据质量。实际应用中，不断的优化配准方法以提高点云配准精度，例如建筑屋顶边界存在噪声，使得配准精度带来挑战，一些学者提出了边界噪声点云配准方法[41]，如图 2-74 所示。具体步骤为：首先，针对单个平面的边界点，通过移动沿着它们精细的法向矢量，局部地合并以抵抗噪声；然后分组形成分段平滑的片段；最后通过标记过程执行不同平面不同片段之间的全局配准，其中相同的标记表示平行或正交的片段。

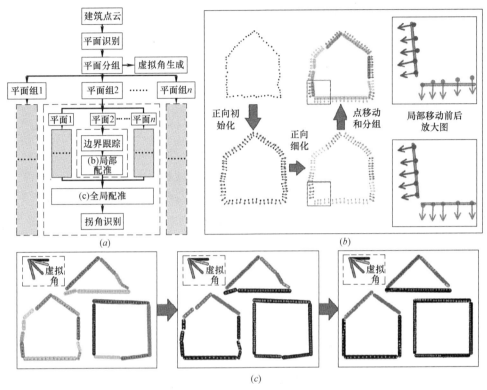

图 2-74　边界噪声点云配准方法[41]

（a）配准流程；（b）局部配准；（c）全局配准

思考

1. 三维扫描数字建造技术流程是什么？
2. 如何选择三维激光扫描仪？
3. 数据采集基本流程及注意事项包括哪些？
4. 数据处理基本流程是什么？
5. 如何控制三维激光扫描的精度？

第 3 章

三维扫描测量重构技术

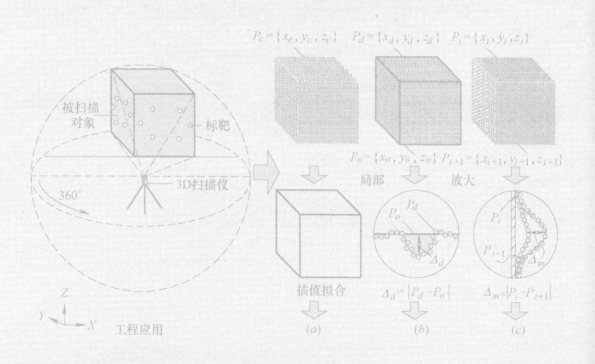

3.1 概述

测量重构是三维扫描数字建造的核心，也是质量检测和变形监测的基础，该技术改变了传统三维模型的获取方式，极大提高了三维数字建模的效率。本章主要介绍三维扫描测量重构技术基本原理、应用注意事项和工程应用案例，以便深入了解三维扫描数字建造技术。

本章重点：

- 测量重构基本原理
- 测量重构应用注意事项
- 场景重现及规划设计
- 复杂结构施工三维测绘
- 施工方案虚拟仿真优化
- 施工计量及测量控制
- 施工过程可视化管理
- 施工三维数字模型存档
- 既有建筑改造深化设计
- 施工运维数字化管理
- 建构筑物灾害应急分析

3.2 测量重构基本原理

3.2.1 测量重构关键技术

三维扫描测量重构是指采用三维扫描技术进行扫描测量，得到被扫描对象的点云数据，并采用插值拟合方法，对点云数据进行拟合，或者基于关键特征，借助于模型重构方法或软件进行数字模型的重构，实现被扫描对象三维模型重构的技术。该技术主要包括外业数据采集、内业数据处理（去燥、修补优化、坐标转换、配准和拟合）和数字模型重构等步骤。点云配准和数字模型重构是三维扫描测量重构技术的关键。

1. 点云配准技术

为了重构被测对象三维模型，需开展三维激光扫描获取对象三维点云数据 P_c，图 3-1 所示为常规的扫描类型，主要包括外部扫描和内部扫描两类。如图 3-1（a）所示，在测量扫描过程中，由于扫描对象表面易产生视线遮挡，无法通过一次设站获取完整覆盖扫描对象的表面数据；如图 3-1（b）所示，虽然扫描视线未被遮挡，但是，若三维扫描仪的测程小于被扫描对象的范围，同样无法通过一次设站获取完整覆盖扫描对象的表面数据，并且现有的三维扫描仪在竖向范围内难以实现 360°范围的覆盖（目前最大 320°），即扫描设备底部存在盲区，尽管现有扫描设备均具备对扫描盲区自动插值拟合的功能，但是为了精确重构被扫描对象，仅设一个测站很难保证测量精度。因此，不论是哪种扫描类型，扫

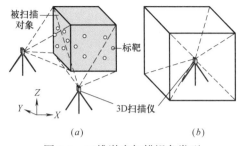

图 3-1 三维激光扫描视角类型

(a) 外部扫描；(b) 内部扫描

描测量均必须通过多站多视角的扫描方式，扫描完成后通过参考点（标靶或特征点）、控制点或者重叠物（重叠部分≥30%）将相邻扫描测站各视角测量的点云数据统一到同一坐标系下，得到完整覆盖三维点云数据 P_c，此过程称为配准，也是测量重构技术的关键。根据配准所选择的参照物不同，配准方法可分为三类：配对方式（参考点）、绝对方式（控制点）和全局方式（重叠物），分别通过多个参考点、多个测量三维坐标信息的控制点和相邻两测站重叠区域进行配准，其中图 3-2 和图 3-3 分别为基于参考点和基于控制点的点云配准流程。下面以全局方式配准方法为例介绍其配准原理。

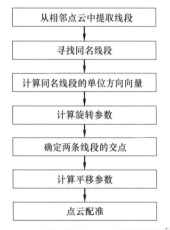

图 3-2 基于参考点的点云配准流程[127]

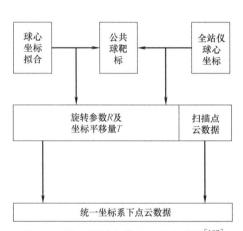

图 3-3 基于控制点的点云配准流程[127]

点云配准的实质是求取刚体变换矩阵，即满足下式，

$$\min F(\boldsymbol{R}_j, \boldsymbol{T}_j) = \min \sum_{j=1}^{M} \sum_{k=1}^{N} \| P_{j+1k} - (\boldsymbol{R}_j P_{jk} + \boldsymbol{T}_j) \|^2 \qquad (3\text{-}1)$$

式中，j 表示点云集第 j 次配准；M 表示配准次数；$\boldsymbol{R}_j$ 为第 j 次旋转变换；$\boldsymbol{T}_j$ 为第 j 次平移变换；P_{j+1k}、P_{jk} 分别为不同坐标系下第 j 次配准点云集的第 k 个点，点云集中包括 N 个点。

以 P_{1k} 和 P_{2k} 点云集为例，需要在两组点云集中找出若干组对应的特征，一般根据这些对应特征，采用基于自由形态曲面的 ICP（Iterative Close Point）[80] 算法来初步求解最小值时的 $\boldsymbol{R}$ 和 $\boldsymbol{T}$。由于扫描仪采样时分辨率的限制以及噪声等因素的存在，使得计算出 $\boldsymbol{R}$ 和 $\boldsymbol{T}$ 存在较大的误差。为了减小误差可选择平面作为特征进行拼接匹配，可快速准确地在有重叠区域的两个位置数据点集间寻找对应点，具有较好的准确性和鲁棒性[76]。其中旋转矩阵 $\boldsymbol{R}$ 可由式（3-2）计算：

$$\min F(\boldsymbol{R}_j) = \min \sum_{k=1}^{S} w_k \| \boldsymbol{n}'_k - \boldsymbol{R} \boldsymbol{n}_k \|^2 \qquad (3\text{-}2)$$

式中，S 为 P_{1k} 和 P_{2k} 点云集中拟合分割选取的平面组数；$\boldsymbol{n}_k$ 和 $\boldsymbol{n}'_k$ 分别为第 k 个平面的法向；w_k 为第 k 对平面的特征权值。

平移向量 $\boldsymbol{T}$ 可由式（3-3）计算：

$$\left[\min F(\boldsymbol{T}_j)\right]' = \mathrm{d}\left[\min\sum_{k=1}^{S} w_k \|\boldsymbol{n}'^T_k[m'_k-(\boldsymbol{R}m_k+\boldsymbol{T}_j)]\|^2\right]\Big/\mathrm{d}\boldsymbol{T}_j \tag{3-3}$$

2. 数字模型重构技术

数字模型重构可以通过两种方法实现，第一种是数据驱动法，是基于已完成配准的点云数据，进行直接拟合，得到三维数字模型，点云数据直接拟合的数字模型重构方法示例如图 3-4 所示。即基于配准获取的三维点云数据 $\boldsymbol{P}_c$，通过 $\boldsymbol{P}_c$ 的插值拟合，寻求曲面 $P(x,y,z)=0$，使得下式成立：

$$\min F(x,y,z) = \min\sum_{c=1}^{V}\left[P(x,y,z)-P(x_c,y_c,z_c)\right]^2 \tag{3-4}$$

式中，V 为点云数据 $\boldsymbol{P}_c$ 点数。

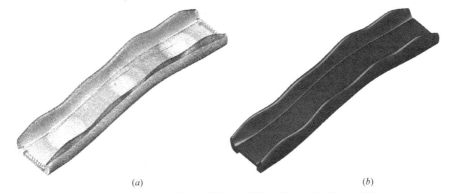

(a) 　　　　　　　　　　　　　　　　(b)

图 3-4　基于点云数据直接拟合的数字模型重构方法示例

（a）点云；（b）模型

三维点云的插值拟合，可采用表 3-1 的方法，主要包括 B 样条、NURBS、细分、隐函数和显式重建曲面拟合方法，以及分段线性重建、基于物理的重建、基于人工神经网络的重建方法[127]。

数字模型曲面重构方法[127]　　　　　　　　　　表 3-1

曲面重构方法		定义与特点	适用范围	重建曲面的性能	备注
曲面拟合	B 样条曲面拟合	以 B 样条曲面片拟合给定数据	复杂形状的曲面最好呈矩形拓扑分布	光滑性、连续性好，与 CAD/CAM 兼容；面片间的连续性和几何精度要求难以同时满足，自动化程度较低	具有直观性、凸包性、局部性和低次样条拟合稳定等优点
	NURBS 曲面拟合	以 NURBS 曲面拟合给定数据	简单拓扑曲面、小规模数据集，最好呈矩形拓扑分布	光滑性、连续性好，几何精度高，效率高，简洁度高，与 CAD/CAM 兼容，但自动化程度低	能精确表示解析实体与自由曲面
	细分曲面拟合	参数曲面在任意拓扑网格下的拓展	任意拓扑任意复杂的光滑曲面	光滑性、连续性很好，但几何精度不高，简洁度低，难以与 CAD/CAM 兼容	具有层次性和递归生成特性，可进行多分辨率分析

续表

曲面重构方法		定义与特点	适用范围	重建曲面的性能	备注
曲面拟合	隐函数曲面拟合	以势函数或场函数形式隐式表达曲面	不包含尖锐特征的光滑、封闭曲面	光滑性、连续性非常好，自动化程度高，但重建速度慢，几何精度不高，简洁度低，难以与CAD/CAM兼容	不易实现曲面形状编辑和控制
	显式重建	描述形式为 $z = f(x, y)$ 或 $z \approx f(x, y)$	小规模数据集，通常为单值曲面	重建速度较快，但是几何精度不高，难以与CAD/CAM兼容	具有全局特性
分段线性重建		建立多面体化的表面从而插值或拟合给定点	任意拓扑的复杂曲面	重建速度快，但光滑性、连续性不高，几何精度低，简洁度不高，难以与CAD/CAM兼容	适用于实时绘制，但重建网格与被测曲面的可能拓扑不一致
基于物理的重建		将物体的物理特性和几何特性相结合逼近给定点	形状特殊的复杂曲面和柔性变形体	几何精度高，重建速度慢，简洁度低，难以与CAD/CAM兼容	适用于物体的变形
基于人工神经网络的重建		带误差反馈的多约束、多变量方程迭代求解系统	单张简单曲面	几何精度高，容错性能和联想能力强，但计算量大，网络收敛难度大，难以与CAD/CAM兼容	非常适于重建曲面的局部修改和缺陷表面的局部修补

数据驱动法的主要流程包括[119]：扫描线数据排序（图 3-5）、数据结构定义、表面三角网构建（图 3-6）、拓扑关系的建立（图 3-7）等。

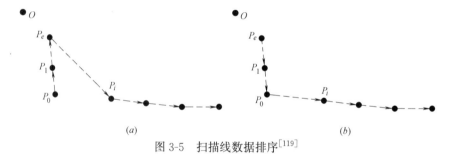

图 3-5　扫描线数据排序[119]

（a）错误的点集顺序；（b）排序后正确的点集顺序

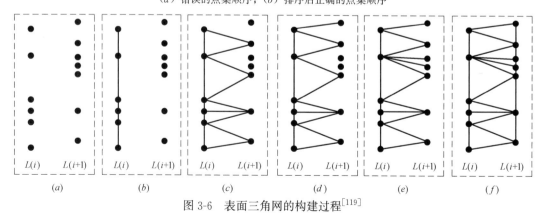

图 3-6　表面三角网的构建过程[119]

（a）数据排序；（b）第 1 条扫描线网点连接；（c）格网三角形构建；

（d）连线检查；（e）连线复查；（f）第 2 条扫描线网点连接

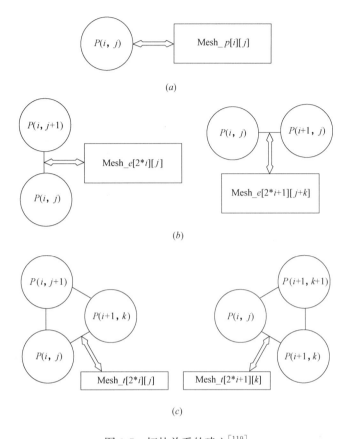

图 3-7 拓扑关系的建立[119]

（a）格网点与数据对应关系确定；（b）格网边与格网边数组对应关系确定；

（c）格网三角形与格网三角形数组对应关系确定

第二种数字模型重构方法是模型驱动法，即从已完成配准的点云数据中提取关键特征，再借助于模型重构方法或软件，根据关键特征进行数字模型的重构，基于特征点提取的数字模型重构方法如图 3-8 所示。特征主要是指被扫描目标中的特征点、特征线及特征

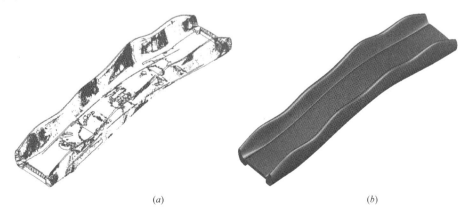

图 3-8 基于特征点提取的数字模型重构方法示例

（a）边界；（b）数字模型

面等，如建筑物特征框架、环境轮廓、地形的等高线等。特征的提取方法主要包括基于散乱点云的特征提取方法和基于网格的特征提取方法两种。

基于特征点的数字模型重构方法主要包括特征点提取、特征线提取和特征线拟合等步骤，如图 3-9 所示。对应的特征类型及判断标准，如表 3-2 所示。其中，散乱点云特征点提取包括曲率估算、散乱点处曲面曲率的估计、边界点的提取、尖锐点的提取等步骤；特征线提取包括根据用户指定的阈值提取特征可信度高的采样点集合、基于特征点集建立最小生成树、将特征点连接成线、剔除不重要的特征线分支等步骤；特征线拟合通常采用过特征点的 B 样条曲线拟合方法。

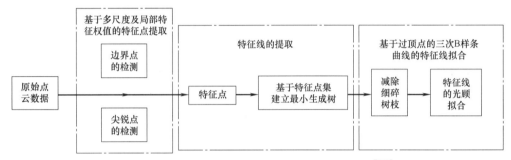

图 3-9　基于特征点提取的数字模型重构方法流程[119]

特征类型及判断标准　　　　　　　　　　　　　　　　表 3-2

类型序号	高斯曲率	平均曲率	几何意义	曲面类型
1	$K=0$	$H=0$	平面	平面
2	$K=0$	$H>0$	脊	点局部为凸，在一个主方向上为平
3	$K=0$	$H<0$	谷	点局部为凹，在一个主方向上为平
4	$K<0$	$H>0$	鞍形脊	点在大部分方向上局部为凸，在小部分方向上为凹
5	$K<0$	$H<0$	鞍形谷	点在大部分方向上局部为凹，在小部分方向上为凸
6	$K>0$	$H>0$	峰	点在所有方向上局部均为凸
7	$K>0$	$H<0$	阱	点在所有方向上局部均为凹

第二种数字模型重构方法主要流程包括：点云分隔、点云滤波、特征点提取、三维建模、纹理映射及场景渲染等步骤。

由此，采用数据驱动法和模型驱动法可实现被扫描对象三维模型的重构，同时可借助于色彩和反射强度信息，使得三维实体模型更接近实际。

3.2.2　测量重构应用注意事项

三维扫描测量重构在实际应用中，除了满足数据采集和数据处理的注意事项，还需考虑以下事项：

（1）点云数据配准方法。通常采用基于控制测量的单站拼接、基于控制测量支导线拼接、基于控制测量的后方交会拼接、基于控制测量的符合导线拼接和闭合导线拼接方式，以及基于标靶和特征点的自由叠加拼接方式[68]；配准算法除了 ICP 算法外，还可采用四元数配准算法、六参数配准算法、七参数配准算法、布尔莎－沃尔夫等模型算法[22]等，扫描前需进行基于精度评估的技术设计；配对方式和绝对方式配准方法计算时间较快，但配准精度不高，适合粗略配准；全局方式（重叠物）配准常采用 ICP 算法，存在计算搜索时间长、对噪声及数据缺失比较敏感等问题，但其配准精度，适合精细配准。

（2）扫描测站及标靶布设方案。扫描前有必要通过现场勘查确定扫描测站和标靶的最佳位置及数量，以及标靶与测站之间的距离。对于狭长性结构的扫描，扫描测站及标靶布设方法可采用双站首尾拼接法、全局拼接法，如图 3-10 所示；图中 D_{otp} 为测站的最佳布置间距，R_l 为扫描仪最佳测程。双站首尾拼接法是将第一站作为基准，第一站与第二站拼接，相邻两站依次两两拼接，测量误差随着拼接次数的增加而累积增加。全局拼接法[128,129]是一个区段两端布设一定数量的标靶，作为区段内各个测站点云数据的拼接共同控制点，区段的长度只需根据被测对象内的通视条件及标靶的尺寸大小确定。与双站首尾拼接法相比，全局拼接法的区段可控，并可减少标靶数量和误差积累，可实现正射扫描标靶。因此，针对需多次配准的工程，建议采用全局拼接法布设测站和标靶。

（3）标靶布设密度。大型复杂建（构）筑物测量重构时，需多测站扫描与配准拼接，点云数据准确配准拼接与坐标转换是保证重构精度的关键。标靶与扫描仪角度如果过大，会导致标靶扫描点密度过于离散，影响标靶信息解算的准确性。因此，标靶布设的跨度不宜太大，并且每次配准控制点的标靶数量不应少于 3 个，且需要对标靶进行编号。

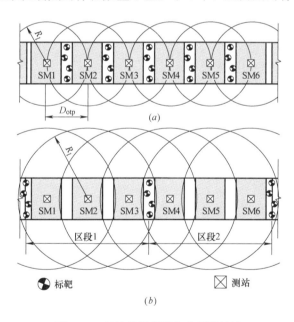

图 3-10　双站首尾拼接与全局拼接法

（a）双站首尾拼接法；（b）全局拼接法

（4）数字模型重构。第一种数字模型重构方法数据驱动法，优点是不需要提前知道扫描场景和对象的类型，但由于三维扫描获取点云数据之间缺少拓扑关系，即点云数据中的点是散乱的，点与点之间的空间关系未知且存在噪声，这使得模型重构变得十分困难；采用该种方法进行数字建模过程实际是为散乱点添加拓扑结构信息，将点变成面的过程，目前可采用微切平面法、参数曲面法、Delaunay 三角化方法等[119]（图 3-11），也形成了一些商业软件，如 Geomagic、Polyworks 等，但是这些方法均存在一些局限性，无法较好实现边角等尖锐特征以及大曲率区域的重建、算法要求点云密度尽量均匀无法实现点云噪声及不完整表面的重建、不能适应拓扑复杂实体的重建、重建的自动化程度不高、算法计算量大且耗时长等。与第一种数字模型重构方法相比，第二种数字模型重构方法模型驱动法应用更为广泛，但是其也存在不足，对噪声点较为敏感、难以识别法矢和曲率变化缓慢的相对光滑的边界、难以保证将特征点连接为合法的封闭边界；需要使用者非常了解扫描场景，知道场景中扫描对象类型，模型重建的自动化程度低且多数依赖人工完成。两种数字模型重构方法较凹形空洞结构，更适用于外凸结构的模型重建。

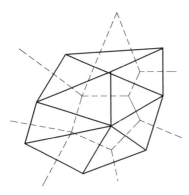

图 3-11　Delaunay 三角化方法[119]

（5）数字模型产品制作[115]。针对规则数字模型产品的制作，可利用点云数据或已测平面图、立面图、剖面图进行交互式建模；对于球面、弧面、柱面、平面等规则几何体应根据点云数据拟合模型。针对不规则数字模型产品的制作，通过点云构建三角网模型，并应采用孔填充、边修补、简化、细化、光滑处理等方法优化三角网模型；表面为光滑曲面的可采用曲面片划分、轮廓线探测编辑、曲面拟合等方法生成曲面模型。对于纹理映射可采用在模型和图像上选定同名点对的方式进行，应选择位置明显、特征突出、分布均匀的同名点，同名点应不少于 4 对，各同名点应不在同一条直线上或近似同一平面内，纹理映射后，图像与模型应无明显偏差。

（6）数字城市模型重构[115]。三维扫描测量重构技术可以应用于建构筑物、环境场景的模型重构，可推广应用于三维城市、虚拟城市、数字城市的构建，由于城市环境非常复杂，涉及各类多细节层次 LOD（Levels of Detail，多细节层次）对象以及地理对象（图 3-12），具体到几何对象、高程 DEM 对象（Digital Elevation Model，数字高程模型）和纹理对象，因此，其在数据采集上面需要集成机载、车载、地面、船载等扫描技术，在数据处理方面，需要采用多源数据融合技术。

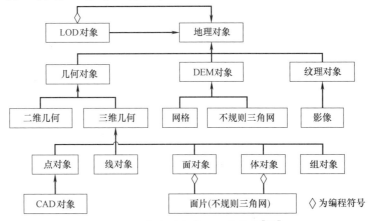

图 3-12　数字城市模型基本构成[115]

3.3　工程应用案例

3.3.1　场景重现及规划设计

【案例3-1】　江苏盐城东台森林村庄

1. 项目概况

江苏盐城东台森林村庄位于江苏省盐城市东台市，扫描范围为$800\text{m}\times100\text{m}$[46]，如图 3-13 所示方框标识区域。扫描的目的是获取森林三维地图、森林三维环境场景，为规划设计提供基础数据，同时验证轻型无人机搭载扫描系统在高精度森林场景三维制图应用的可行性。扫描难点是高精度扫描获取树木的高度及树冠直径等信息。

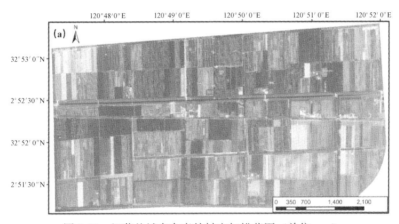

图 3-13　江苏盐城东台森林村庄扫描范围（单位：m）

2. 数据采集

三维扫描数据采集设备采用轻型无人机搭载扫描系统（图 3-14），扫描系统由激光扫描仪、搭载麒麟云系统的无人机、IMU、双频 GNSS 接收机、GNSS 天线和全局快门相机

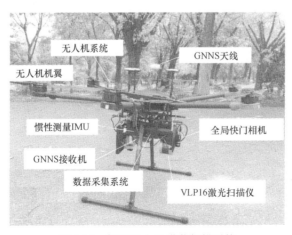

图 3-14　轻型无人机搭载扫描系统

构成，如表 3-3 所示。数据采集系统采用 RISC 机器（ARM）cortex A9。为了验证轻型无人机搭载扫描系统应用的可行性，在扫描区域随机设置 15 个半径为 15m 的样本图。轻型无人机搭载扫描系统扫描过程通过麒麟云系统使其按照预先设计的路线飞行，飞行高度为 70m，飞行速度为 3m/s，15min 完成扫描，获得 3760 张 2GB 的图像，点云数据为 799 万点，点云密度为 11.85 点/m^2，图像飞行方向重叠超过 90%，侧面重叠为 70%。

同时采用 Green Valley International 商业无人机载扫描仪进行校核，设备由六旋翼无人机、POS（NovAtel IMU-IGM-S1）、GNSS 天线、激光扫描仪（Riegl VUX-1）、微型计算机、远程 Wi-Fi 构成。扫描精度为 0.01m，最大测程为 300m，扫描速度为 200 次/s，测量速率为 550kHz。飞行高度设置为 140m，飞行速度为 4m/s，9min 完成扫描，点云密度为 244 点/m^2。

轻型无人机搭载扫描系统参数   表 3-3

编号	设备	型号	技术性能
1	激光扫描仪	Velodyne VLP16	最大测速为 30 万点/s，最大测距 100m，测量误差 0.03m，16 个通道，波长 905nm
2	无人机	大疆 DJI M600Pro	搭载麒麟云系统，最大有效载荷为 6kg，飞行时间为 25min
3	IMU	Xsens MTI-300	陀螺仪运行偏差稳定性为 12°/h；加速度计运行偏差稳定性为 0.015mg
4	GNSS 接收机	KQ GEO M8	双频；支持 BDS/GPS/GLONASS
5	GNSS 天线	KQ GEO M8	双频；支持 BDS/GPS/GLONASS
6	全局快门相机	Pointgrey Flea3	1280×1024 像素，彩色，像素大小为 5.3μm

3. 数据处理

轻型无人机搭载扫描系统采集得到的数据，采用麒麟云系统，通过视觉、IMU 和激光点云联合解算与自标定方法解算，得到数据处理后的点云数据，处理流程如图 3-15 所

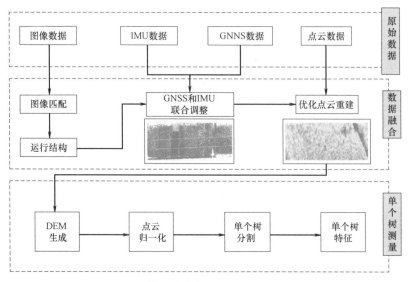

图 3-15　江苏盐城东台森林村庄数据处理流程

示，包括：原始数据处理、数据融合和单个树测量等步骤。商业无人机载扫描仪采集的数据采用 Novatel Inertial Explorer 软件。

4. 成果及分析

图 3-16 为处理轻型无人机扫描数据得到的江苏盐城东台森林村庄点云模型，再现了森林三维地图和环境场景，为规划设计提供基础数据。

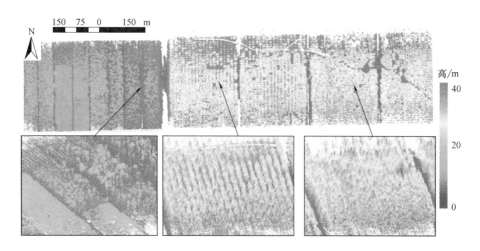

图 3-16　江苏盐城东台森林村庄点云模型

将轻型无人机扫描系统与商业无人机载扫描仪获取点云数据进行对比，如图 3-17 和图 3-18 所示。由图可看出，两种方法得到的点云数据存在差异，但偏差满足要求（正向平均偏差 $p=0.87$、反向平均偏差 $r=0.84$、测量平均误差 $F=0.85$），可见轻型无人机搭载扫描系统在高精度森林场景三维制图中应用是可行的。

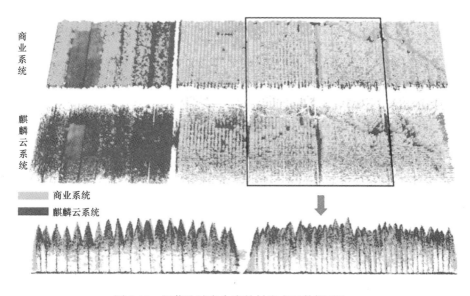

图 3-17　江苏盐城东台森林村庄点云数据对比

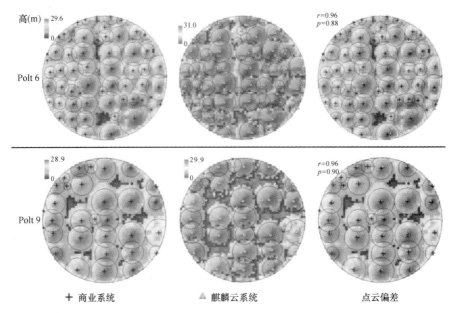

图 3-18　江苏盐城东台森林村庄样本图点（直径 15m）云数据对比

案例编写人：杨必胜（武汉大学）

　　　　　　李健平（武汉大学）

【案例 3-2】　湖北武汉某地下停车场

1. 项目概况

　　武汉某地下停车场位于湖北省武汉市，扫描范围为 2 层地下车库，单层面积为 80m×100m，共 1.6 万 m²。扫描目的是获取地下停车场三维环境场景，制作高精度地图，用于规划设计，也可用于自动驾驶车辆的路线规划。扫描难点是高精度扫描完整的地下各类场景信息，包括车道号、车道长度和宽度、车道级最高限速、车道左右侧纵向边界类型等车道级道路数据，以及停车场内各类信息；同时需获取地下结构的位置信息，传统手段在地下车库定位失效。

2. 数据采集

　　三维扫描数据采集设备采用背包式三维激光扫描系统（图 3-19），系统包括全景相机、多线激光扫描仪（2 台）、惯性导航设备、背负单元、控制主机、采集监控终端等，技术参数如表 3-4 所示。其中采集过程可支持背包式或推车式的模式；定位采用 3D-SLAM 技术，定位精度为（俯仰/翻转）0.2°/0.25°，支持移动定位速度为 0.05m/s。背包式三维激光扫描系统采用 3D-SLAM 技术，解决了室内无 GNSS 信号而无法定位的技术难题。

背包式三维激光扫描系统参数　　　　　　　　　　　　　表 3-4

编号	设备	技术性能
1	全景相机	像拼接后分辨率为 3000 万像素；相机有效视场角为 360°×270°
2	激光扫描仪	测程为 1～100m；测速为 60 万点/s；测量精度为 3～5cm；测量频率为 5～20Hz

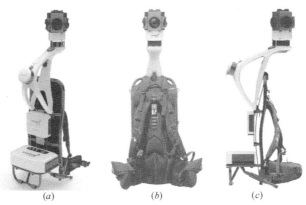

（a）后视图；（b）前视图；（c）侧视图

图 3-19　背包式三维激光扫描系统

（a）后视图；（b）前视图；（c）侧视图

3. 数据处理

数据处理所使用的软件包括采集监控软件、多源数据处理软件、多源数据应用展示软件和三维建模软件。采集监控软件主要用于数据全过程采集、可视化监控；多源数据处理软件主要用于点云等数据的处理；多源数据应用展示软件主要用于全景影像及三维点云数据的网页浏览应用、地图同步定位、测量、虚拟浏览及漫游等；三维建模软件主要采用3D MAX 和地图生成软件，用于数字模型的建立。

4. 成果及分析

图 3-20 为处理背包式三维激光扫描系统采集数据得到的武汉某地下停车场点云模型，

（a）

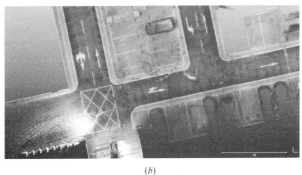

（b）

图 3-20　武汉某地下停车场点云模型

（a）三维视图；（b）局部俯视图

再现了地下车库环境场景。由于采用了 3D-SLAM 技术，因此，三维点云数据自带三维坐标信息。基于点云数据，建立了地下停车场三维环境场景数字模型，如图 3-21 所示，精度达厘米级。

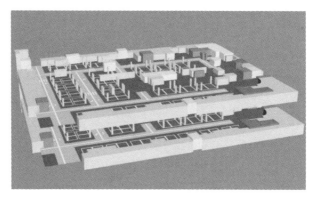

图 3-21　武汉某地下停车场三维环境场景数字模型

案例编写人：黄维（立得空间信息技术股份有限公司）
　　　　　　熊凡（立得空间信息技术股份有限公司）
　　　　　　李强（立得空间信息技术股份有限公司）

【案例 3-3】　武汉大学信息学部

1. 项目概况

武汉大学信息学部项目位于湖北省武汉市，扫描范围为信息部楼及周围环境，面积为 0.3km²。扫描的目的是获取教学楼、图书馆、宿舍楼、操场和植被等三维环境场景，同时检验轻小无人机激光扫描系统获取点云数据的质量。扫描难点是高精度扫描获取植被等信息。

2. 数据采集

三维扫描数据采集设备采用轻小无人机激光扫描系统[130]，扫描系统由激光扫描仪（Velodyne VLP16）、搭载麒麟云系统的无人机（大疆 M600）、IMU（Xsens MTI-300）、全局快门相机（Pointgrey Flea3）、控制板（Cortex A9）、镜头（Kowa Wide Angle Lens）、陀螺仪和加速计构成。扫描过程中飞行高度设置为 60m，飞行速度为 5m/s，13min 完成扫描，获得 2358 张图像；数据采集实施过程利用实时动态测量 RTK 采集了 13 个控制点，对扫描精度进行检核。

3. 数据处理

数据处理采用基于视觉辅助的 IMU、点云数据联合解算与自标定方法，其主要流程（图 3-22）包括：采用增量式运动结构恢复算法，恢复自由网中影像的外方位元素；采用 IMU 辅助光束法，对精化姿态参数进行平差处理；根据多视匹配点云深度的一致性原理，对扫描仪安置参数进行修正。

4. 成果及分析

图 3-23 为轻小无人机激光扫描系统扫描得到的武汉大学信息学部点云模型，再现了

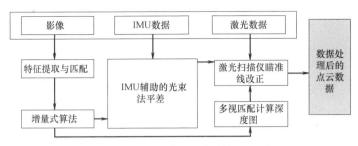

图 3-22　武汉大学信息学部数据处理流程

教学楼和环境场景。通过控制点进行检查、对比分析，得到控制点的点位精度平均值为 17.8cm，x、y、z 方向的平均误差分别为 10.1cm、9.7cm、15.2cm。

(a) 　　　　　　　　　　　　　　　　　　　　　(b)

图 3-23　武汉大学信息学部三维环境场景模型

(a) 俯视图；(b) 局部三维视图

案例编写人：杨必胜（武汉大学）

李健平（武汉大学）

【案例 3-4】　江苏新农村规划项目

1. 项目概况

江苏新农村规划项目位于江苏省，扫描的范围为 300m×500m 的村庄，扫描目的旨在获取村庄地形图，用于规划设计。扫描难点为快速获得大范围场景模型。

2. 数据采集

为了快速测量大面积地形图，三维扫描数据采集设备采用 Gexcel HERON Lite 背包式三维激光扫描仪（图 3-24）和 RTK，分别用于获取点云数据和控制点转化绝对坐标及控制累计误差，扫描仪参数如表 3-5 所示。扫描采用无标靶配准模式，无需 GNNS 定位。扫描过程通过人员行走进行扫描，扫描轨迹如图 3-25 所示。

图 3-24　背包式三维激光扫描仪
（Gexcel HERON Lite）

三维扫描仪参数（Gexcel HERON Lite） 表 3-5

型号	测距原理	最大测速 （万点/s）	测距范围 （m）	视场角 （°）	精度 （Ymm@Xm）	重量 （kg）	待机时间 （h）
Gexcel HERON Lite	相位式	70	1～100	H：360；V：40	50mm	2.5	5～8

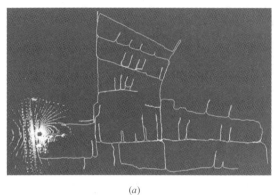 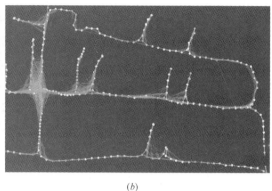

（a） （b）

图 3-25　江苏新农村规划项目扫描轨迹

（a）行走轨迹；（b）闭合环平差修正

3. 数据处理

数据处理软件采用 Gexcel HERON Lite 配套软件，数据处理主要包括数据解算、自动去除人员及车辆等机动噪点、生成三维点云数据（图 3-26）。

 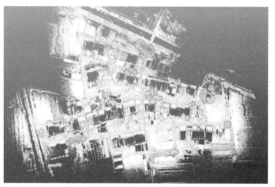

（a） （b）

图 3-26　江苏新农村规划项目点云数据

（a）三维视图；（b）俯视图

4. 成果及分析

基于三维点云数据，将数据平面化导入 CAD 即可快速制作高精度地形图场景，如图 3-27 所示，可用于江苏新农村规划项目的规划设计。

图 3-27　江苏新农村规划项目地形图

案例编写人：张世武（上海奥研信息科技有限公司）
**　　　　　王念（上海奥研信息科技有限公司）**

【案例 3-5】　北京局部道路交通网项目

1. 项目概况

北京局部道路交通网项目位于北京西城区和海淀区，扫描范围为：东起长安街南礼士路，西至西翠路，北起阜成路，南至莲花池东路，整个路网线路约 40km，如图 3-28 所示。扫描目的是建立北京市西城区和海淀区局部道路交通网实验区域三维数字模型，用于在驾驶模拟试验中构建城市虚拟三维场景，以此，满足对交通控制策略的适应性进行"驾驶模拟实验"的需要。

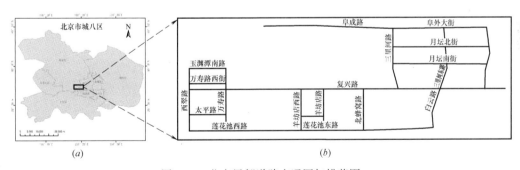

图 3-28　北京局部道路交通网扫描范围
（a）数据采集区域；（b）数据采集路线

2. 数据采集

三维扫描数据采集设备采用拓普康 IP-S2 车载高速移动测量系统，该系统由 Velo-dyne HDL-64ES2 三维激光扫描系统、GNSS 全球定位系统、IMU 惯性测量系统单元、360°高清全景数码相机及车轮编码器系统等组成，技术参数如表 3-6～表 3-9 所示。测量系统可在车辆高速行进之中通过激光扫描和数码照相快速采集城市、道路等目标区域或线路的整体空间位置、属性和影像数据，并同步存储在系统计算机中，经数据处理软件编辑处理，形成所需数据。最终以视频、三维模型及 GIS 文件等形式输出三维模型成果。

三维扫描仪参数（Velodyne HDL-64ES2） 表 3-6

型号	测距原理	最大测速 （万点/s）	最大测距 （m）	视场角 （°）	精度 （mm）
Velodyne HDL-64ES2	脉冲式	220	120	H：360；V：26.8	20

GNSS 全球定位系统 表 3-7

动态精度（mm）	数据更新率（Hz）	接收信号	通道数
水平 10+0.5ppm，高程 15+0.5ppm	10	GPS 及 GLONASS：L1/L2 载波，L1CA，L1P，L2P	40

IMU 惯性测量系统单元 表 3-8

类型	陀螺仪（°/h）	加速度计误差（mg）
MEMS 陀螺仪	25	8

全景相机 表 3-9

配置	分辨率	视场角（°）	工作温度（℃）
6 个 CCD 影像传感器	1600×1200	360	0～+45

3. 数据处理

驾驶模拟实验场景由道路、建筑物、信号灯、交通标线、标志牌等构成，根据模型功能以及出现位置的不同来构建驾驶模拟虚拟三维场景。城市街区场景较为复杂，数据处理处理的流程如图 3-29 所示。在建模过程中采用了分区域、分模型的操作流程，先进行控

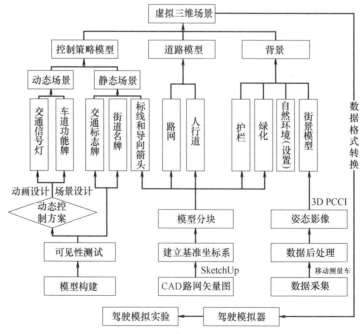

图 3-29　城市路网交通环境虚拟三维场景快速建模流程

制模型和道路模型的建模，各类标志牌和不同尺寸信号灯框架搭建之后，批量生产。路网、人行道以及标线、箭头依据交通模拟实验方案设计。最后是街景模型的建设，包括街景数据的采集、后处理以及模型构建、测试。

4. 成果及分析

项目所建立城市道路交通虚拟三维场景为同济大学交通运输工程学院的高仿真驾驶行为模拟系统（Advanced Car Driving Simulator）提供了重要的基础数据，为该模拟系统提供了真三维环境（图 3-30）。项目所构建的三维场景在多个驾驶模拟实验中得到了应用，图 3-30（b）为特殊的出口车道左转（Exit-lanes for left-turn，EFL）交叉口模拟实验中的三维场景，用于检测驾驶员对该交叉口的适应性。作为数据模型支撑，北京城市局部道路复杂场景发挥了重要的作用。

(a)　　　　　　　　　　　(b)

图 3-30　北京局部道路交通网场景重建及应用

（a）驾驶舱全景；（b）驾驶员对 EFL 交叉口适应性实验

案例编写人：童小华（同济大学）
　　　　　　　陈鹏（同济大学）

【案例 3-6】　上海外滩建筑群

1. 项目概况

上海外滩建筑群三维扫描项目位于上海市黄浦区，扫描范围为"万国建筑博览"建筑群，扫描目的是对外滩建筑群进行精细测绘，获取高精度环境场景数字模型，用于规划设计。扫描难点是采集完整的复杂建筑结构数据，如爱奥尼式柱、罗马半圆拱券石拱造型的门窗、大片的石栏杆阳台、精细铸铁窗框、圆锥形屋顶等。

2. 数据采集

三维扫描数据采集设备采用 Faro Focus X330 三维激光扫描仪（性能参数见表 3-10）。扫描采用无标靶配准模式。扫描主要流程与地面三维激光扫描流程相同。现场扫描实施如图 3-31 所示。

型号	测距原理	最大测速（万点/s）	测距范围（m）	视场角（°）	角分辨率（°）	精度（Ymm @Xm）	其他
FARO Focus3D X330	相位式	97.6	0.6～330	H：360 V：300	H/V：0.009	2@10（90%）	详细见表2-4

三维扫描仪参数（FARO Focus3D X330）　　　　表 3-10

图 3-31　上海外滩建筑群扫描现场

3. 数据处理

数据处理软件采用 FARO SCENE 和 3DS MAX，前者用于点云数据处理、后者用于精细化三维建模。外滩建筑群项目代表性历史建筑点云和基于点云的精细化三维建筑模型如图 3-32 所示。

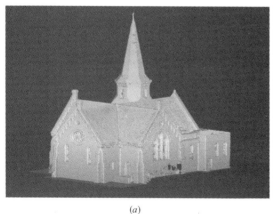

东南轴测图

(a)　　　　　　　　　　　　　　　　　　(b)

图 3-32　代表性历史建筑的点云和模型对比
(a) 建筑的点云；(b) 建筑的模型

4. 成果及分析

通过数据处理得到外滩建筑群精细化数字模型，代表性历史建筑三维模型如图 3-33 所示，真实地再现了外滩场景，为城市规划设计提供高精度蓝图。

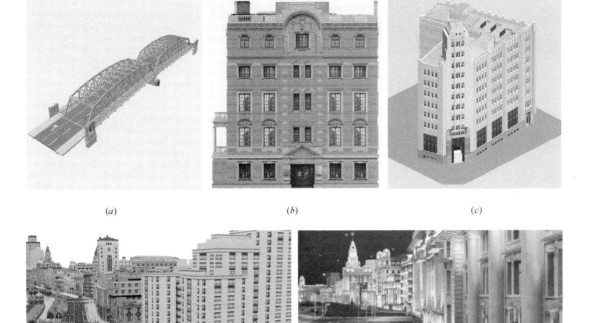

(a) (b) (c)

(d) (e)

图 3-33 上海外滩建筑群精细化数字模型

(a) 外白渡桥；(b) 原教会公寓；(c) 上海电力协会；(d) 建筑群；(e) 建筑群（渲染后）

案例编写人：赵峰（上海市测绘院）

3.3.2 复杂结构施工三维测绘

【案例 3-7】 上海九棵树未来艺术中心

1. 项目概况

九棵树未来艺术中心位于上海市奉贤区，奉浦大道以南、望园路以东、金海公路以西的中央生态林地内，是"南上海艺术名片"的标志性工程。项目用地面积 12 万 m^2，总建筑面积 7.1 万 m^2，地上 4 层，地下 1 层，包含 5 个剧场。

扫描范围是艺术中心 1200 座的主剧场主体结构，扫描目的是获取复杂主体结构的高精度三维数字模型，为内部异形装饰面的制作和安装施工提供精确三维数据。

2. 数据采集

三维扫描数据采集设备采用 Z＋F Imager 5010 三维激光扫描仪（性能参数见表 3-11）。扫描采用无标靶配准模式。演艺厅主体结构施工完成后，按照图 3-34 所示扫描方案分上、中、下三个标高开展扫描作业，扫描测站间距为 10m，共布设测站 33 个。

三维扫描仪参数（Z＋F imager 5010）　　　　　表 3-11

型号	测距原理	最大测速 （万点/s）	测距范围 （m）	视场角 （°）	角分辨率 （°）	精度 （Ymm@Xm）	其他
Z＋F Imager 5010	相位式	101.6	0.3～187.3	H：360；V：320	H：0.0004；V：0.0002	1@50 线性	详细见表 2-4

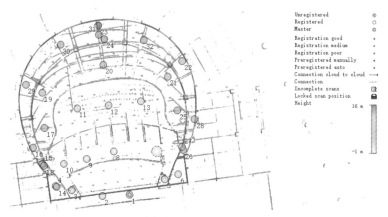

图 3-34　九棵树未来艺术中心扫描方案

3. 数据处理

数据处理软件采用 Z＋F Laser Control、JRC 3D Reconstructor 和 Geomagic Control 等。数据处理流程与常规地面三维激光扫描相同。

4. 成果及分析

图 3-35 为数据处理得到的九棵树未来艺术中心点云数据，根据点云数据，进行三维建模，得到整体三维数字模型；所建立的三维数字模型可用于精确计算装饰面材料，以及用于计算工程量。针对木饰面，将整体模型进行拆分处理，分成 2m×1m 的独立板件，基于三维模型进行数控雕刻加工，加工完毕后，根据三维数字模型的独立板件坐标数据进行定位安装，最终安装误差小于 2mm，安装效果如图 3-36 所示。针对树枝状玻璃纤维增强石膏板天花，按照同样的方法进行加工与安装，安装效果如图 3-37 所示。可见，通过三维扫描测量重构技术，提高了复杂异形结构的加工与安装施工精度，节约了材料，降低了施工难度。

图 3-35　九棵树未来艺术中心点云数据

(a) (b)

图 3-36　基于三维扫描的九棵树未来艺术中心木饰面加工及安装

(a) 点云模型；(b) 木饰面

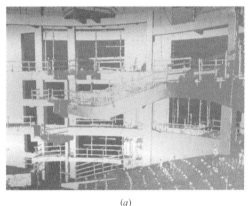
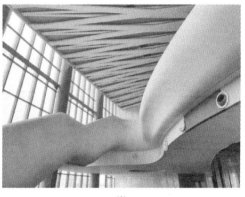

(a) (b)

图 3-37　基于三维扫描的九棵树未来艺术中心石膏板加工及安装

(a) 点云模型；(b) 玻璃纤维增强石膏板

案例编写人：左自波（上海建工集团股份有限公司）

　　　　　　陈东（上海建工集团股份有限公司）

【案例 3-8】　金砖国家银行总部大楼

1. 项目概况

金砖国家银行（金砖国家新开发银行 New Development Bank）总部大楼位于上海市浦东新区世博园 A 片区（A11-01 地块），总面积 12.6 万 m^2，建筑高度 150m。

扫描范围是金砖国家银行总部大楼旋转楼梯结构，扫描目的是获取复杂楼梯结构的高精度三维数字模型，为异形装饰面的制作和安装施工提供精确三维数据，扫描难点是不同高程的异形结构扫描。

2. 数据采集

三维扫描数据采集设备采用 Z＋F Imager 5010 三维激光扫描仪（性能参数见表 3-12）。扫描采用无标靶配准模式。扫描测站间距为 5m，共布设测站 16 个。布设坐标控制点 3 个，控制点为 A4 纸质标靶。

三维扫描仪参数（Z＋F imager 5010） 表 3-12

型号	测距原理	最大测速（万点/s）	测距范围（m）	视场角（°）	角分辨率（°）	精度（Ymm@Xm）	其他
Z＋F Imager 5010	相位式	101.6	0.3～187.3	H：360；V：320	H：0.0004；V：0.0002	1@50 线性	详细见表 2-4

3. 数据处理

数据处理软件采用 Z＋F Laser Control、JRC 3D Reconstructor 等。数据处理流程与常规地面三维激光扫描相似，由于各测站的高程不同，点云数据配准需通过相同的参考点进行预配准，然后进行精配准。

4. 成果及分析

数据处理得到的金砖国家银行总部大楼楼梯结构（包括墙体结构）点云数据，如图 3-38 所示。进一步处理后，得到高精度楼梯结构点云模型如图 3-39 所示。基于点云模型，

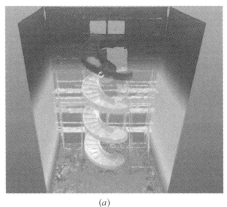
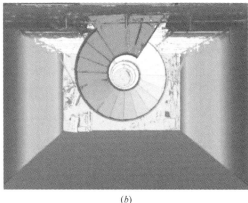

图 3-38 金砖国家银行总部大楼楼梯结构的点云数据

（a）侧视图；（b）俯视图

图 3-39 金砖国家银行总部大楼楼梯结构点云模型的应用

（a）正视图；（b）俯视图；（c）高程点云

进行三维数字模型的重构，根据数字模型对装饰结构拆分，并进行加工，根据三维数字模型的独立构件坐标数据和控制点进行定位安装，实现了复杂异形结构的精确加工与安装施工，降低了施工难度，提高了施工效率。

案例编写人：左自波（上海建工集团股份有限公司）

　　　　　　　陈东（上海建工集团股份有限公司）

3.3.3　施工方案虚拟仿真优化

【案例3-9】　杭州环翠楼改建项目

1. 项目概况

杭州环翠楼项目为既有建筑改造工程，位于浙江省杭州市旅游景区胡庆余堂南侧，东起大井巷，西至管米山。项目主要对已建陈旧民宅进行整体改造，旨在改造为现代、时尚、绿色化的高端民宿旅游项目。扫描范围是D片区老旧民宅及周围环境，扫描目的是为改造深化设计提供高精度的三维数字模型，使得国际设计人员无需到项目现场进行设计，同时用于施工方案的虚拟仿真优化。扫描难点在于项目为旅游景区，大量客流增大了扫描难度。

2. 数据采集

三维扫描数据采集设备采用Z＋F Imager 5010三维激光扫描仪（性能参数见表3-13）。扫描采用有标靶配准模式。扫描测站间距为10m，共布设测站15个，扫描方案如图3-40所示。

三维扫描仪参数（Z＋F imager 5010）　　　　　　　　　　表3-13

型号	测距原理	最大测速（万点/s）	测距范围（m）	视场角（°）	角分辨率（°）	精度（Ymm@Xm）	其他
Z＋F Imager 5010	相位式	101.6	0.3～187.3	H：360；V：320	H：0.0004；V：0.0002	1@50 线性	详细见表2-4

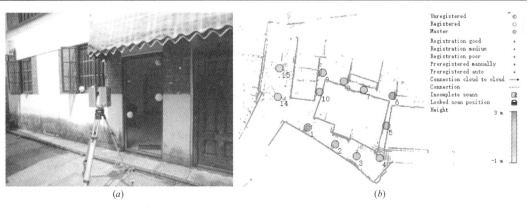

图3-40　杭州环翠楼扫描方案

（a）现场扫描；（b）扫描测站

3. 数据处理

数据处理软件采用Z＋F Laser Control和Geomagic Control等。数据处理流程与常规地面三维激光扫描相同。

4. 成果及分析

数据处理得到杭州环翠楼点云模型如图 3-41 所示，由图可见，可实现实景的重现。将实景及点云模型导出可执行的 .BAT 文件，可用于查看、测量和作为设计底图（图 3-42），国际设计人员无需到项目现场，可进行既有建筑改造深化设计及绘图。将点云模型，导出 *.rcp 等格式数据，可用于施工方案设计、虚拟仿真及优化，如图 3-43 所示。

(a)　　　　　　　　　　　　　　　　　(b)

图 3-41　杭州环翠楼实景照片与点云模型的对比

（a）实景；（b）点云

(a)　　　　　　　　　　　　　　　　　(b)

图 3-42　杭州环翠楼点云模型及其在改造深化设计中应用

（a）实景模型；（b）点云模型

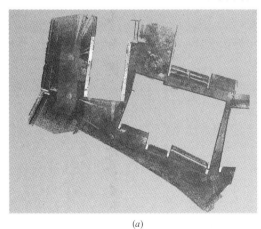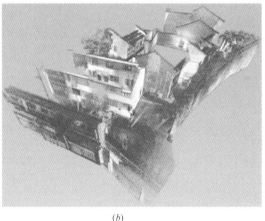

(a)　　　　　　　　　　　　　　　　　(b)

图 3-43　杭州环翠楼数字模型及其在施工方案设计中的应用

（a）俯视图；（b）三维视图

案例编写人：左自波（上海建工集团股份有限公司）
　　　　　　陈东（上海建工集团股份有限公司）

3.3.4 施工计量及测量控制

【案例3-10】 安徽金寨地标建筑

1. 项目概况

安徽金寨地标建筑位于金寨县新城区，地标性建筑为通透缩性结构不锈钢雕塑，雕塑为直径25m的椭圆形球面，球面自上而下倾斜穿孔，并在两侧形成两轮弯月形状。

不锈钢雕塑施工期内部需要安装电子显示屏，雕塑钢结构本体焊接施工完成需加载或卸载，产生较大变形，使得椭圆形球面内环尺寸与设计产生偏差。扫描目的是对直径25m的椭圆形球面内环进行扫描，精确测量获取内环三维异形结构的尺寸及面积，为内部安装LED显示屏提供基础，解决了传统测量手段很难完成三维异形结构的全覆盖测量。扫描的难点是雕塑结构材料为镜面材质，无法直接进行扫描。

2. 数据采集

三维扫描数据采集设备采用FARO Focus3D X330三维激光扫描仪（性能参数见表3-14）、全站仪和水准仪。扫描采用有标靶配准模式，每测站布设至少5个标靶。扫描主要流程为：在雕塑周围布设4~5个控制点，采用全站仪进行平面控制网平差，采用水准仪进行高程平差，为多站扫描仪架设提供统一基准；在内环边界粘贴120mm宽的美纹纸，在局部内环边界均匀喷涂工业显影粉（后期擦掉），以此解决金属反光无法直接扫描的问题；利用黑白标靶进行每一测站的自定位，在地面测站进行多次扫描，在雕塑内部焊接扫描平台，进行多角度扫描。

三维扫描仪参数（FARO Focus3D X330）　　　　　　　　表3-14

型号	测距原理	最大测速 （万点/s）	测距范围 （m）	视场角 （°）	角分辨率 （°）	精度 （Ymm @Xm）	其他
FARO Focus3D X330	相位式	97.6	0.6~330	H：360 V：300	H/V：0.009	2@10 （90%）	详细见表2-4

3. 数据处理

三维扫描得到的安徽金寨雕塑激光影像及点云数据，如图3-44所示。数据处理软件采用FARO SCENE和Geomagic Control等。数据处理主要包括点云数据处理和三维数字模型构建等流程。点云数据处理与常规地面三维激光扫描数据处理相同，三维数字模型构建主要基于点云数据建立三角网三维模型，并提取雕塑双内环模型，如图3-45所示。

4. 成果及分析

根据雕塑双内环模型及其折角，构建LED显示屏三维模型，并将其展开，如图3-46所示。重新设计和划分LED屏幕大小，如图3-47所示。

重新加工LED屏幕并分割后，提取雕塑双内环圆周四分点放样点作为以后的安装位起点，安装施工中从点云模型中提取四分点（图3-48），将点位放样至实际位置。模型中雕塑LED显示屏安装放样点位坐标与点位放样完成后重新测量检核的坐标对比如表3-15

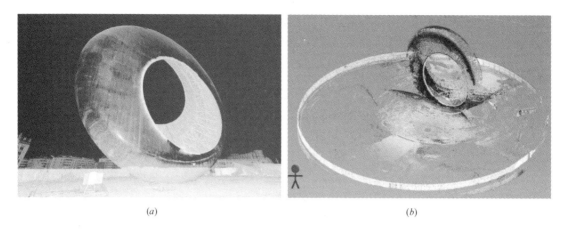

图 3-44　安徽金寨雕塑激光影像及点云数据

（a）激光影像；（b）点云数据

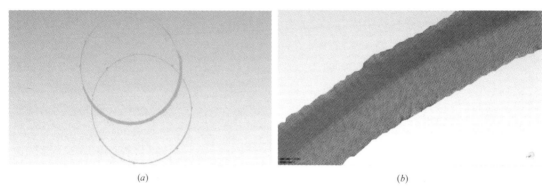

图 3-45　安徽金寨雕塑三角网三维模型

（a）三角网模型；（b）局部放大

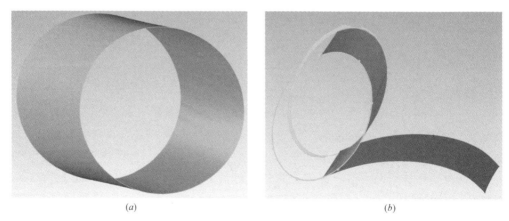

图 3-46　安徽金寨雕塑 LED 显示屏三维模型

（a）LED 屏幕模型；（b）模型展开

所示，模型中双环直径与实际复测直径的对比如表 3-16 所示，坐标最大偏差为 11.9mm，直径最大偏差为 6mm。

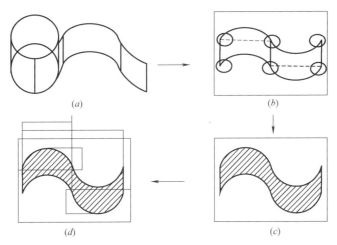

图 3-47 安徽金寨雕塑 LED 显示屏设计及分割
（a）三维轮廓；（b）三维展开；（c）屏幕分割；（d）生成三维面

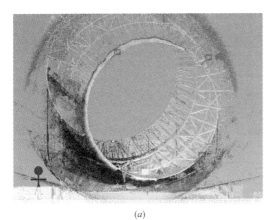 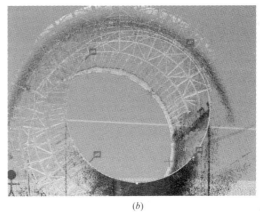

(a) (b)

图 3-48 安徽金寨雕塑 LED 显示屏安装放样点位
（a）南侧；（b）北侧

安徽金寨雕塑 LED 显示屏安装放样点位模型与实际坐标对比 表 3-15

编号	模型中安装点位			点位放样后复测位置坐标			实际与模型偏差		
	X(m)	Y(m)	Z(m)	X(m)	Y(m)	Z(m)	ΔX(m)	ΔY(m)	ΔZ(m)
pt1	127.270244	230.101197	10.367893	127.268	230.096	10.370	−0.0022	−0.0052	0.0021
pt2	127.64099	229.594147	20.71717	127.639	229.595	20.709	−0.0020	0.0009	−0.0082
pt3	131.223864	220.086973	20.059859	131.227	220.088	20.060	0.0031	0.0010	0.0001
pt4	130.807907	220.745805	9.674789	130.807	220.744	9.669	−0.0009	−0.0018	−0.0058
pt5	133.059332	225.539328	13.976089	133.051	225.544	13.969	−0.0083	0.0047	−0.0071
pt6	133.143886	225.111183	24.146417	133.132	225.108	24.139	−0.0119	−0.0032	−0.0074
pt7	129.426461	234.187154	24.996615	129.425	234.193	24.996	−0.0015	0.0058	−0.0006
pt8	129.153786	235.053573	14.374623	129.152	235.051	14.373	−0.0018	−0.0026	−0.0016

安徽金寨雕塑 LED 显示屏安装模型与实际直径对比　　　　表 3-16

直径	模型中直径		放样后复测直径		实际与模型偏差	
	南侧(m)	北侧(m)	南侧(m)	北侧(m)	南侧(m)	北侧(m)
横向直径	14.48205251	14.47576616	14.48620027	14.47185681	0.00415	−0.00391
竖向直径	14.50027672	14.49408172	14.50023095	14.50034396	−0.00005	0.00626

通过放样点及现场标记点（图 3-49 及表 3-17），完成了安徽金寨雕塑 LED 显示屏安装，安装前后实物，如图 3-50 所示，可见，采用三维扫描测量重构技术，完成了复杂结构施工的测量及施工控制，缩短了工期，节约了材料。

(a) 　　　　　　　　　　　　　　　　(b)

图 3-49　安徽金寨雕塑 LED 显示屏安装现场标记点
(a) 南侧；(b) 北侧

安徽金寨雕塑 LED 显示屏安装现场标记点坐标　　　　表 3-17

编号	X(m)	Y(m)	Z(m)	编号	X(m)	Y(m)	Z(m)
1	129.283	224.743	8.004	9	131.247	229.985	12.025
2	127.757	228.776	9.172	10	133.235	225.094	14.456
3	126.715	231.696	13.584	11	133.827	223.443	18.314
4	127.475	230.021	20.264	12	131.174	223.612	23.358
5	129.789	224.036	22.374	13	131.859	228.193	26.22
6	131.306	219.863	19.77	14	129.721	233.463	25.52
7	131.769	218.487	16.694	15	128.404	236.783	19.938
8	131.411	219.223	11.628	16	129.108	235.182	14.526

（a）　　　　　　　　　　　　　（b）

图 3-50　安徽金寨雕塑 LED 显示屏安装前后对比
（a）安装前；（b）安装后

案例编写人：张世武（上海奥研信息科技有限公司）

　　　　　　王念（上海奥研信息科技有限公司）

【案例 3-11】　南昌长征大道

1. 项目概况

南昌长征大道项目位于南昌市红谷滩区长征大道，扫描范围为 3.2km 的街道两面的房屋立面，房屋数量为 72 栋。扫描目的在于扫描获取房屋立面模型，进行分类填充建筑要素，精确测量房屋立面面积，计算立面改造所需材料。扫描难点为大范围快速扫描。

2. 数据采集

三维扫描数据采集设备采用 Z＋F imager 5010C 三维激光扫描仪（性能参数见表 3-18）和全站仪，前者用于扫描获取点云数据，后者用于扫描精度复核。扫描采用无标靶配准模式，扫描测站间距为 20～60m，每站扫描采用 3min 20s 模式，并进行照片采集。扫描沿着主干道自东向西进行扫描，对于遮挡严重区域进行补测。

三维扫描仪参数（Z＋F imager 5010C）　　　　表 3-18

型号	测距原理	最大测速（万点/s）	测距范围（m）	视场角（°）	角分辨率（°）	精度（Ymm@Xm）	其他
Z＋F Imager 5010C	相位式	101.6	0.3～187.3	H:360；V:320	H:0.0004；V:0.0002	1@50 线性	详细见表 2-4

3. 数据处理

数据处理软件采用 Z＋F LaserControl、JRC 3D Reconstructor 和 Autodesk CAD 软件，数据处理与常规地面三维激光扫描流程相同。其中，在立面图绘制时，将处理完成的点云模型转化为 CAD 可以直接加载的 .rcs 文件。

89

4. 成果及分析

基于三维扫描点云模型（图 3-51），进行平面模型构建，如图 3-52 所示，进行分类填充建筑要素，精确计算立面建筑改造的面积，大小为 $780.9m^2$，为建筑改造精确计量提供了基础。通过全站仪对扫描精度进行复核，扫描结果与全站仪的偏差控制在 0.08m 以内，如图 3-53 所示。

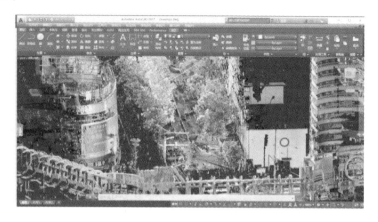

图 3-51　南昌长征大道三维点云模型

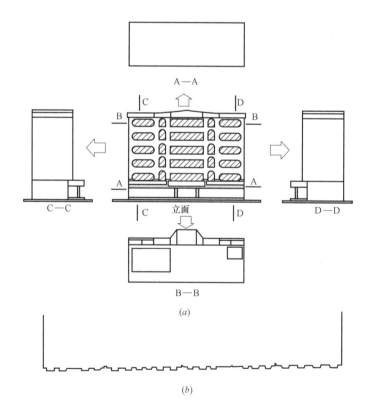

图 3-52　南昌长征大道平面模型
（a）单个建筑；（b）多个建筑

测点编号	全站仪坐标			扫描仪坐标			误差
	X(m)	Y(m)	Z(m)	X(m)	Y(m)	Z(m)	Δ(m)
11	54920.053	32202.646	43.102	54920.070	32202.689	43.130	0.053
12	54908.942	32181.691	28.467	54908.969	32181.629	28.438	0.074
13	54876.920	32194.945	28.329	54876.875	32194.967	28.330	0.050
14	54427.382	31601.972	33.699	54427.356	31601.968	33.672	0.038
15	54308.096	31437.965	53.639	54308.125	31437.986	53.629	0.037
16	54324.735	31527.722	54.718	54324.768	31527.759	54.738	0.053
17	54342.212	31477.187	53.830	54342.239	31477.205	53.819	0.034
18	54231.248	31230.319	59.162	54231.286	31230.349	59.145	0.051
19	54171.741	31505.807	31.949	54171.768	31505.786	31.926	0.041

X	Y	Z	置信度	X	Y	Z	置信度	X	Y	Z	置信度
54920.070	32202.689	43.130	79.81%	54908.969	32181.629	28.438	48.46%	54876.875	32194.967	28.330	80.52%

图 3-53 南昌长征大道三维扫描测量精度复核

案例编写人：田万里（上海华测导航技术股份有限公司）
刘向楠（上海华测导航技术股份有限公司）

【案例 3-12】 上海车间网架项目

1. 项目概况

上海车间网架项目为汽车车间钢结构网架结构，建筑面积 6.4 万 m²，车站长为 330m、宽为 230m、高为 16m，一般柱距为 21m，边柱柱距为 9m；室内外高差 0.2m；车间中间设有多道伸缩缝，缝宽 150mm。网架采用正放四角锥形式，网架高为 1.6~4.0m，支承形式采用多点柱支承；弦杆和腹杆的截面尺寸在 $\phi60mm\times3.5mm$ ~$\phi299mm\times20.0mm$ 之间；球节点直径在 150~660mm 之间；钢管采用高频焊管或无缝钢管，为 Q235 钢；螺栓球选用 45 号钢，焊接球选用 Q235 钢。

由于钢结构网架结构使用时间已超过 10 年，使用过程中未进行定期检测与鉴定，存在安全隐患。为了排除安全隐患，采用三维扫描测量重构技术对网架的相对高差测量，评估网架结构的安全状态。扫描难点为，部分高空扫描，由于设备、平台等的遮挡无法进行扫描。

2. 数据采集

三维扫描数据采集设备采用 Leica Scanstation C10 三维激光扫描仪（性能参数见表 3-19）。扫描采用有标靶配准模式，标靶为球形标靶；扫描过程点云分辨率设定为 20mm/50m，站点间距 30m，共设置 27 个测站。根据设计的扫描方案对车间网架进行了扫描。

3. 数据处理

数据处理软件采用 cyclone7.3，通过软件对下弦球节点的点云数据进行了拟合，获取各球节点球心坐标，以各球节点球心为基准，由此得到了下弦球节点的相对高差。

三维扫描仪参数（Leica Scanstation C10） 表 3-19

型号	测距原理	最大测速(万点/s)	测距范围(m)	视场角(°)	角分辨率(°)	精度(Ymm@Xm)	激光等级	激光波长(nm)	激光束直径(Ymm@Xm)	稳定性温度/防护等级(℃)/(IP)	重量(kg)	待机时间(h)	内置相机(万像素)	配套软件
Leica Scanstation C10	脉冲式	5	0.2~300	H:360 V:270	H/V:0.0033	6@50m	3R	532	4.5mm/50m	0~40 IP54	13	4	400	Cyclone

4. 成果及分析

图 3-54 为上海车间网架项目钢结构的点云数据，在不考虑车间存在不均匀沉降的情况下，可将每跨范围内网架下弦球节点的相对高差作为网架的挠度变形，并根据行业标准《空间网格结构技术规程》JGJ 7—2010 的相关规定对网架挠度结果进行分析评定。

由于空间网架结构主要由管状杆件及球节点组成，其表面无特征棱角点，采用传统全站仪的测量方法只能测到球节点表面，而各球面的坐标无法统一基准点，检测成果难以进行比较分析。而通过三维扫描测量重构技术拟合球节点的方式，检测基准点明确，检测精度高。

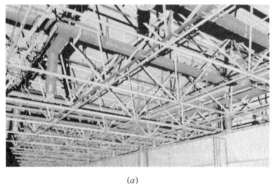 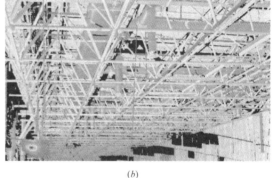

(a) (b)

图 3-54 上海车间网架项目点云数据
（a）横向网架；（b）纵向

案例编写人：龚治国（上海市建筑科学研究院）
刘辉（上海市建筑科学研究院）

3.3.5 施工过程可视化管理

【案例 3-13】 上海玉佛寺修缮保护工程

1. 项目概况

上海玉佛寺位于普陀区江宁路，总建筑面积 $6791m^2$。历史建筑大雄宝殿重建于民国时期，原始设计图纸缺失。扫描目的是获取大雄宝殿及其周边环境的三维数字模型，为古建筑的修缮提供准确的工程信息，为大雄宝殿平移顶升改造施工提供可视化管理平台。扫描的难点为：古建筑结构及装饰附属设施复杂，内部遮挡严重，需精细化扫描；扫描体量大、施工周期短，可用的扫描时间少。

2. 数据采集

三维扫描数据采集设备采用 Riegl VZ-1000 和 FARO Focus3D 120 三维激光扫描仪（性能参数见表 3-20），以及无人机倾斜摄影系统。大雄宝殿扫描方案如图 3-55 所示，采用"先总体，后局部"的方案。首先采用 Riegl VZ-1000 对外部结构进行扫描，Riegl VZ-1000 无法扫到的外部结构（屋顶等）采用无人机倾斜摄影系统进行扫描；之后采用 FAR-O Focus3D 120 对内部结构进行扫描，即先对内部框架结构进行全景精细扫描，再针对佛台、墙壁浮雕、屋顶壁画等进行高精度扫描，以保证数据完整，并尽可能减小数据量。其中：室内外总体扫描参数统一按 1/4 分辨率、6 倍质量进行，局部细节扫描参数根据实际扫描需求按 1/8 或 1/16 分辨率、8 倍质量进行；所有站点数据统一采用真彩色扫描模式，在室内光照条件不佳的区域进行人工补光；外部扫描数据在建筑入口与出口处与内部扫描数据建立连接测站；三维扫描测站共布设 70 个；局部细节扫描站控制设备与对象之间空间距离为 1.5～3m；无人机倾斜摄影系统扫描流程包括范围确定、测区划分、无人机倾斜测量、像控测量等步骤，像控测量采用 CGCS2000 坐标系。

三维扫描仪参数（Riegl VZ-1000 和 FARO Focus3D 120）　　　　表 3-20

型号	测距原理	最大测速（万点/s）	测距范围（m）	视场角（°）	角分辨率（°）	精度（Ymm@Xm）	激光等级	激光波长（nm）	激光束直径（Ymm@Xm）	稳定性温度（℃）/防护等级（IP）	重量（kg）	待机时间（h）	内置相机（万像素）	配套软件
Riegl VZ1000	脉冲式	12.2	2.5～1400	H:360 V:100	H/V:0.0005	8 重复 5	class1	近红外光780～2526	—	0～40 IP64	9.8	—	外置	Riscan PRO
FARO Focus3D 120	相位式	97.6	0.6～120	H:360 V:305	H/V:0.009	2@25 线性	Class3	905	3.8@0.1	IP53	5	5	7000	FARO SCENE

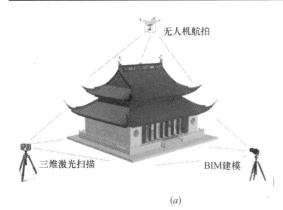

(a)

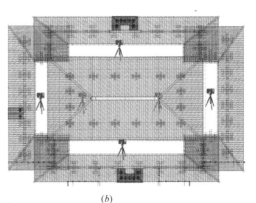

(b)

图 3-55　上海玉佛寺扫描方案

（a）外部扫描；（b）内部扫描

3. 数据处理

数据处理软件采用 Riscan PRO 及 FARO SCENE、PhotoScan、Geomagic studio、

Revit、3D MAX 和 MeshLab 软件，分别用于点云数据预处理、屋顶及周围环境倾斜摄影照片数据处理、数字模型初步建立、基础及施工措施模型建立、多源数据模型融合和模型轻量化。数据处理的主要流程为：对点云数据进行处理（图 3-56、图 3-57）；根据倾斜摄影照片的坐标、高程信息、相似度自动排列，通过导入影像 POS 数据或控制点对数据进行定向；并提取带有坐标信息的点云模型，分类点云定制几何重建，快速生成三维模型的线、面、体；并通过对获取影像进行可视化处理赋予三维模型材质纹理；建立建筑基础结构、地砖、青砖基础及下托盘梁、托换装置及平移顶升设备的 BIM 模型（图 3-58）；将基于点云、照片和 BIM 的三部分数据模型进行精度协调融合，形成整体模型；对整体模型进行轻量化处理（图 3-59），得到可用于施工过程可视化管理的模型。其中，屋顶及周围倾斜摄影照片建模的步骤为：影像预处理，自动三维建模、模型精修、模型拼接、模型优化、模型导入平台；大雄宝殿多源数据模型融合是基于公共部分的拼接技术，公共部分选用圆柱体模型；通过点云数据处理及逆向建模使得模型大小由 5GB 减小到 1GB，通过初步轻量化处理使得模型减小到 400MB，通过贴图代替复杂曲面轻量化处理将模型降低到 40MB，压缩后用于网络传输的模型体量为 20MB。

图 3-56　上海玉佛寺外部结构点云数据处理

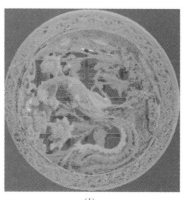

（a）　　　　　　　　　　（b）　　　　　　　　　　（c）

图 3-57　上海玉佛寺内部结构点云数据处理及建模
（a）内部细部结构 1；（b）内部细部结构 2；（c）内部细部结构建模

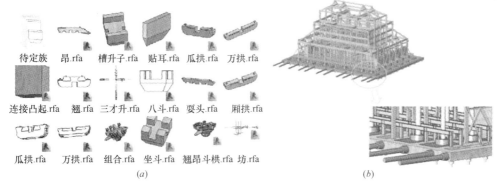

图 3-58　上海玉佛寺基础及施工措施 BIM 模型建立

（a）构件数据库；（b）施工措施模型

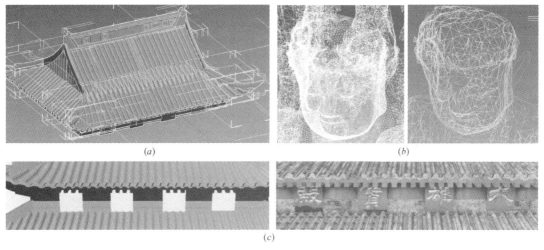

图 3-59　上海玉佛寺模型数据轻量化处理

（a）构件合并；（b）复杂构件减面；（c）基于物理贴图的复杂曲面简化

4. 成果及分析

基于点云数据模型、倾斜摄影数据模型和 BIM 模型，创建了上海玉佛寺的高精度精细化三维数字模型，如图 3-60 所示，模型精度为 5mm，将数字模型导出平面图，可用于

图 3-60　上海玉佛寺三维数字模型

（a）大雄宝殿整体模型；（b）顶部及周围环境

既有建筑改造深化设计（图 3-61）。以此为基础，建立上海玉佛寺平移顶升施工可视化管理平台，如图 3-62 所示，可满足既有建筑改造过程的方案模拟、施工过程监控与管理等需求，实现施工可视化、精细化管理，提升既有建筑改造、升级和加固施工的效率和管理水平。

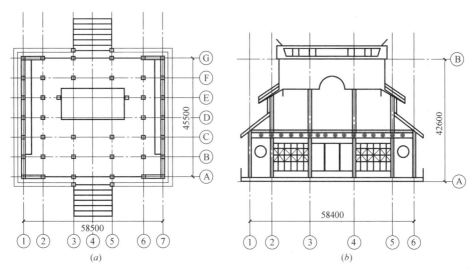

图 3-61　上海玉佛寺改造设计图

（a）大雄宝殿平面图；（b）大雄宝殿立面图

（a）　　　　　　　　　　　　（b）

图 3-62　上海玉佛寺平移顶升施工可视化管理平台及应用

（a）施工管理平台网页端；（b）玉佛寺施工现场

案例编写人：张铭（上海建工四建集团有限公司）

谷志旺（上海建工四建集团有限公司）

3.3.6　施工三维数字模型存档

【案例 3-14】　上海瑞金医院质子中心

1. 项目概况

上海瑞金医院质子中心即瑞金医院肿瘤（质子）中心项目，为首台国产质子治疗示范装置研制临床测试基地。项目位于上海市嘉定新城，瑞金医院北院的南侧（隔双丁路），总建筑面积为 2.6 万 m^2，由1幢地上三层地下一层肿瘤（质子）中心、1幢地上二层地下一层能源中心等建筑物组成。其中，质子区旋转治疗舱净高17m。

扫描范围为质子中心内部结构和能源中心机房。扫描目的是获取高精度点云模型，局部进行模型重构；将数字模型进行存档，用于指导类似工程施工，进行查看、测量等。扫描难度是实现关键区域的全覆盖扫描，局部区域地面无法直接扫描。

2. 数据采集

三维扫描数据采集设备采用 Z＋F Imager 5010 三维激光扫描仪（性能参数见表 3-21）。扫描采用有标靶配准模式，标靶采用球形标靶和纸质标靶结合。扫描测站共布设测站90个，加速大厅的扫描方案如图 3-63 所示。针对地面无法扫描的区域，借助于升降平台进行扫描。

三维扫描仪参数（Z＋F imager 5010）　　　　表 3-21

型号	测距原理	最大测速（万点/s）	测距范围（m）	视场角（°）	角分辨率（°）	精度（Ymm@Xm）	其他
Z＋F Imager 5010	相位式	101.6	0.3～187.3	H：360；V：320	H：0.0004；V：0.0002	1@50 线性	详细见表 2-4

(a)

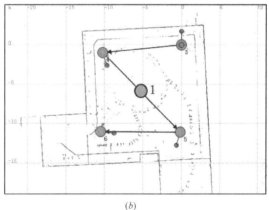

(b)

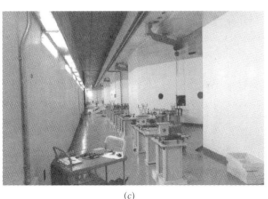

(c)

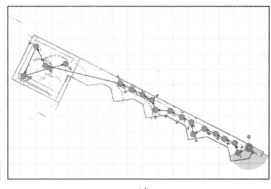

(d)

图 3-63　瑞金医院质子中心加速大厅扫描方案

（a）大厅；（b）扫描测站；（c）通道；（d）扫描测站

3. 数据处理

数据处理软件采用 Z+F Laser Control 和 Geomagic Control 等。数据处理流程与常规地面三维激光扫描相同。

4. 成果及分析

数据处理得到瑞金医院质子中心加速大厅和能源中心点云模型如图 3-64 所示，由图可见，可实现实景的重现。将实景及点云模型导出可执行的 .BAT 文件，进行存档，可用于类似工程查看、测量和设计，如图 3-65 和图 3-66 所示。

图 3-64 瑞金医院质子中心加速大厅数字模型

（a）实景；（b）内部点云；（c）外部点云；（d）外部模型

图 3-65 瑞金医院质子中心能源中心数字模型

（a）实景；（b）数字模型

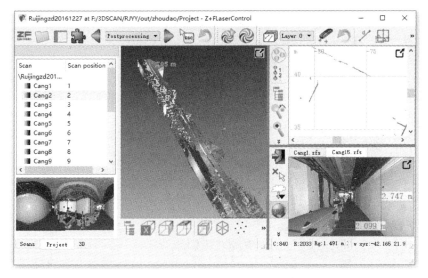

图 3-66 瑞金医院质子中心数字模型存档

案例编写人：左自波（上海建工集团股份有限公司）

      朱毅敏（上海建工一建集团有限公司）

      陈东（上海建工集团股份有限公司）

【案例 3-15】 上海外滩历史建筑改造项目

1. 项目概况

  上海外滩历史建筑改造项目位于上海市虹口区黄浦路，扫描范围是整个历史建筑外立面，扫描目的旨在建立一套完整的三维数字模型，并进行存档，为后续改造施工提供数据支撑。

2. 数据采集

  三维扫描数据采集设备采用 Z＋F Imager 5010 三维激光扫描仪（性能参数见表 3-22）。扫描采用无标靶配准模式，扫描过程如图 3-67 所示。

三维扫描仪参数（Z＋F imager 5010）   表 3-22

型号	测距原理	最大测速 （万点/s）	测距范围 （m）	视场角 （°）	角分辨率 （°）	精度 （Ymm@Xm）	其他
Z＋F Imager 5010	相位式	101.6	0.3～187.3	H：360；V：320	H：0.0004；V：0.0002	1@50 线性	详细见表 2-4

3. 数据处理

  数据处理软件采用 Z＋F Laser Control、JRC 3D Reconstructor 和 Geomagic Control等。数据处理流程与常规地面三维激光扫描相同。

4. 成果及分析

  通过数据处理，得到上海外滩历史建筑改造项目全景照片和点云模型，如图 3-68 和3-69 所示，真实再现历史建筑和环境的原貌，数据可用于数字模型存档，同时为改造施工提供可测量的模型。

图 3-67　上海外滩历史建筑改造项目扫描现场

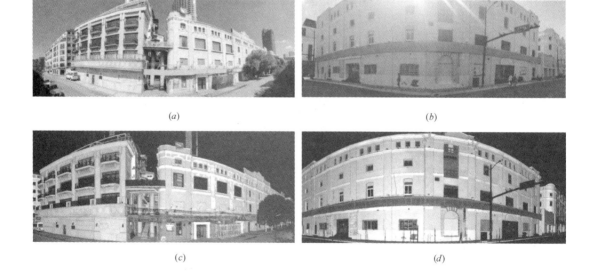

图 3-68　上海外滩历史建筑改造项目全景照片
（a）面向黄浦江侧；（b）背向黄浦江侧；（a）面向黄浦江侧扫描；（b）背向黄浦江侧扫描

图 3-69 上海外滩历史建筑改造项目点云模型

（a）面向黄浦江侧；（b）面向黄浦江侧局部放大；（c）背向黄浦江侧；（d）背向黄浦江侧放大

案例编写人：左自波（上海建工集团股份有限公司）

陈东（上海建工集团股份有限公司）

【案例 3-16】 上海宋庆龄故居纪念馆

1. 项目概况

上海宋庆龄故居纪念馆位于淮海中路 1843 号，属于全国重点文物保护单位。纪念馆分为前花园、主楼和后花园。主楼为红瓦白墙的三层砖木结构小洋房，始建于 1920 年，建筑面积约 $700m^2$。扫描范围为主楼室内及整个纪念馆的室外景观。

扫描的目的旨在建立一套完整的三维数字模型，并进行存档，为后续的保护和运营维护提供数据支撑。扫描难点为扫描范围大、周期长，且大量游客往来增加了扫描的难度。

2. 数据采集

为提高扫描的效率和数据的完整性，项目中三维扫描数据采集设备采用 Leica Scanstation C10 和 FARO Focus3D X330 三维激光扫描仪（性能参数见表 3-23）。扫描采用有标靶配准模式，由于扫描时间跨度较长，制作了不易损坏的塑料材质平面标靶；为了保证精细建模的要求，针对不同的对象，扫描过程设定了不同扫描分辨率，室外景观的点云密度不低于 10mm（分辨率：50cm/100m），主楼室内及外立面点云密度不低于 5mm（分辨率：20mm/100m）。扫描测站共设置 108 个。

由于项目测站较多且多数配准标靶通视情况不佳，为减少扫描过程中的累积误差，采用了布设控制网的方式，对布设的平面标靶坐标进行测量，采用闭合导线法，通过全站仪、GPS等仪器将各配准标靶的坐标系统一到大地坐标系中，平面控制按二级导线施测，高程控制按三等水准施测，最后通过平差计算得到各标靶的三维坐标数据。此外还采用扫描仪内置的相机对纹理信息进行了采集。

三维扫描仪参数（Leica Scanstation C10 及 FARO Focus3D X330）　　　　　　表 3-23

型号	测距原理	最大测速（万点/s）	测距范围（m）	视场角（°）	角分辨率（°）	精度（Ymm@Xm）	激光等级	激光波长（nm）	激光束直径（Ymm@Xm）	稳定性温度（℃）/防护等级（IP）	重量（kg）	待机时间（h）	内置相机（万像素）	配套软件
Leica Scanstation C10	脉冲式	5	0.2～300	H：360 V：270	H/V：0.0033	6@50m	3R	532	4.5mm/50m	0～40 IP54	13	4	400	Cyclone
FARO Focus3D X330	相位式	97.6	0.6～330	H：360 V：300	H/V：0.009	2@10	class1	1550	—	0～50	5.2	5	7000	FARO SCENE

3. 数据处理

数据处理软件采用 cyclone 和 FARO SCENE 等。数据处理过程中，由于现场扫描时已同时将各标靶的坐标值输入到扫描仪器中，只需将全部点云数据导入到点云后处理软件中即可进行高效精确的自动配准，得到的配准精度≤4mm。数据处理存在一些难点，例如，过往的游客噪声数据处理，无法通过设置阈值的方式消除，只能采用人工辨识进行消除；室外噪声通过软件中的删除命令进行消除；室内噪声采用先分割点云，再进行消除的方式。整个扫描数据量超过100G，为提高运行效率、保证消冗后点云密度达到方案要求，采用分区域点云消冗的方式，分别对主楼及室外的点云数据进行了消冗处理。由于纹理数据采集是通过扫描仪完成的，纹理数据的映射可通过点云处理软件自动匹配完成。

4. 成果及分析

基于三维点云数据和纹理数据，采用轮廓关键特征的方法，创建得到了宋庆龄故居纪念馆的 BIM 模型，如图 3-70 所示，真实再现历史建筑和环境的原貌，为修葺保护和运维管理提供了数据支撑。

(a)　　　　　　　　　　　　　(b)

图 3-70　上海宋庆龄故居纪念馆 BIM 模型
(a) 整体模型；(b) 主楼模型

案例编写人：龚治国（上海市建筑科学研究院）

刘辉（上海市建筑科学研究院）

3.3.7　既有建筑改造深化设计

【案例3-17】　上海音乐厅

1. 项目概况

上海音乐厅位于黄埔区，扫描范围是整个音乐厅内外建筑表面、文保数据。扫描目的是获取建筑三维数字模型，为修缮扩建的深化设计提供基础数据，同时对历史建筑文保数据进行采集和存档。扫描难点是大型结构精细化扫描。

2. 数据采集

扫描设备采用 Z＋F Imager 5010C 三维激光扫描仪（性能参数见表3-24），结合无人机摄影，扫描布设 57 个测站。

三维扫描仪参数（Z＋F Imager 5010C）　　　　　　　　　表 3-24

型号	测距原理	最大测速（万点/s）	测距范围（m）	视场角（°）	角分辨率（°）	精度（Ymm@Xm）	其他
Z＋F Imager 5010 C	相位式	101.6	0.3~187.3	H：360 V：320	H：0.0004 V：0.0002	1@50 线性	详细见表2-4

3. 数据处理

数据处理软件采用 Z＋F Laser control 和 JRC 3D Reconstructor，分别用于点云数据预处理和点云配准。数据处理流程与常规地面三维激光扫描相同。

4. 成果及分析

图 3-71 为数据处理得到的上海音乐厅点数字模型，进一步处理得到平面、立面和剖面模型，用于修缮扩建设计。在点云数据基础上，按目标对点云进行分割，并进行数据建模与信息赋予，得到文保数据，进行数字存档，如图 3-72 所示。

图 3-71　上海音乐厅数字模型

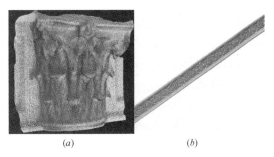

(a)　　　　　　　　(b)

图 3-72　上海音乐厅文保数据

（a）典型文保对象 A；（b）典型文保对象 B

案例编写人：张铭（上海建工四建集团有限公司）

仇春华（上海建工四建集团有限公司）

【案例3-18】 成都金沙庵古建筑

1. 项目概况

成都金沙庵古建筑位于成都市北门灶君庙街，始建于清代初期，同治七年重建，建筑面积 513.86m²。扫描范围为古建筑大殿内外结构，扫描的目的是获取历史建筑点云模型，并进行建模和存档，同时为古建筑改造的深化设计提供改造前既有建筑设计图。扫描的难点在于大量游客往来增加了扫描的难度。

2. 数据采集

三维扫描数据采集设备采用 Z＋F imager 5010C 三维激光扫描仪（性能参数见表3-25）。扫描采用无标靶配准模式，扫描测站共设置18个测站，如图3-73所示。

三维扫描仪参数（Z＋F imager 5010C） 表3-25

型号	测距原理	最大测速（万点/s）	测距范围（m）	视场角（°）	角分辨率（°）	精度（Ymm@Xm）	其他
Z＋F Imager 5010 C	相位式	101.6	0.3～187.3	H：360 V：320	H：0.0004 V：0.0002	1@50 线性	详细见表2-4

图3-73　成都金沙庵古建筑扫描测站布置

3. 数据处理

数据处理软件采用 Z＋F LaserControl 及 JRC 3D Reconstructor、3D Max 及 AutoCAD，分别用于点云数据处理和数字模型建立。点云数据处理与常规地面三维激光扫描流程一致。数字模型建立，包括点云分割管理，分片分区建模，以及对梁、柱、墙建模等步骤。

4. 成果及分析

图3-74为点云数据处理后的成都金沙庵古建筑点云模型，点间距一般约为5mm、地面点间距约1cm。如图3-75（a）所示，在CAD中将古建筑点云模型作为底图，根据点

连线，形成面，得到古建筑平面图，见图 3-75（b），按照同样的方法得到古建筑改造前的立面图和剖面图，可用于古建筑改造的深化设计，如图 3-75（c）、（d）所示。基于点云数据，采用三角网封装的形式，进行建模、贴图和渲染，得到成都金沙庵古建筑三维数字模型，如图 3-76 所示，可用于历史建筑的存档。

（a） （b）

图 3-74 成都金沙庵古建筑点云模型
（a）室外；（b）室内

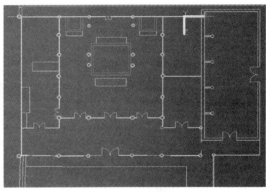

（a） （b）

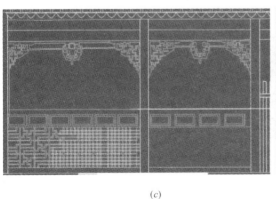
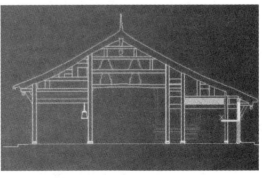

（c） （d）

图 3-75 成都金沙庵古建筑改造前设计图
（a）点云底图平面；（b）平面图；（c）局部立面图；（d）剖面图

(a) (b)

图 3-76　成都金沙庵古建筑改造前三维数字模型

(a) 整体；(b) 局部

案例编写人：田万里（上海华测导航技术股份有限公司）

刘向楠（上海华测导航技术股份有限公司）

3.3.8　施工运维数字化管理

【案例 3-19】　上海谊建混凝土加工数字工厂

1. 项目概况

谊建混凝土加工数字工厂是由上海建工和上海华谊共同建设的混凝土搅拌站，该搅拌站为绿色、环保、智能制造的示范性搅拌站。项目位于上海市宝山区，通过对华谊原吴淞化工厂进行改造，建设全新模式的混凝土加工数字化工厂，搅拌站共 4 条生产线，日产量达 $12000m^3$。

工厂建设初步成型，扬尘区外部未包裹前，进行三维扫描，获取高精度数字模型，并进行存档，为后续类似工程推广施工提供可测量的数据，降低施工难度；工程竣工后，再次进行扫描，形成三维数字模型为数字工厂运行期数字化管理提供基础数据。

2. 数据采集

三维扫描数据采集设备采用 Z+F Imager 5010 三维激光扫描仪（性能参数见表 3-26）和无人机摄像系统，如图 3-77 所示。扫描采用无标靶配准模式。工厂建设初步成型，共布设扫描测站 43 个，扫描方案如图 3-78 所示。工程竣工后，扫描测站共布设 28 个。

<table>
<tr><td colspan="7" align="right">三维扫描仪参数（Z+F imager 5010）　　　表 3-26</td></tr>
<tr><td>型号</td><td>测距
原理</td><td>最大测速
（万点/s）</td><td>测距范围
（m）</td><td>视场角
（°）</td><td>角分辨率
（°）</td><td>精度
（Ymm@Xm）</td><td>其他</td></tr>
<tr><td>Z+F Imager 5010</td><td>相位式</td><td>101.6</td><td>0.3～187.3</td><td>H：360；V：320</td><td>H：0.0004；V：0.0002</td><td>1@50 线性</td><td>详细见表 2-4</td></tr>
</table>

3. 数据处理

数据处理软件采用 Z+F Laser Control 和 Geomagic Control 等。点云数据处理流程与常规地面三维激光扫描相同，并结合图像处理软件对摄像数据进行处理。

（*a*）　　　　　　　　　　　　（*b*）

图 3-77　谊建混凝土加工数字工厂扫描及摄像

（*a*）三维扫描；（*b*）无人机摄像

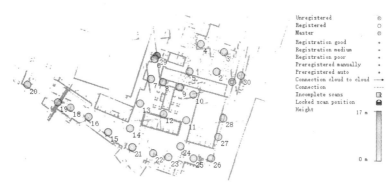

图 3-78　谊建混凝土加工数字工厂扫描方案

4. 成果及分析

通过扫描仪全景相机扫描得到谊建混凝土加工数字工厂的全景模型（图 3-79），进行

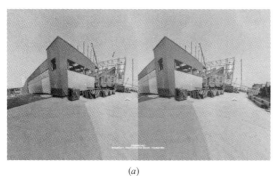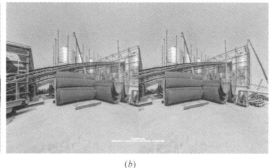

（*a*）　　　　　　　　　　　　（*b*）

图 3-79　谊建混凝土加工数字工厂全景模型

（*a*）环境模型；（*b*）加工装置模型

网络发布，可进行远程访问，无需到达现场，可进行虚拟漫游，了解数字工厂。将实景及点云模型（图 3-80）导出可执行的 .BAT 文件，用于存档、查看和测量，指导类似工程的施工。工厂建设初步成型和工程竣工后点云模型的对比如图 3-81 所示，结合摄影测量模型（图 3-82），最终建立谊建混凝土加工数字工厂的数字模型，用于运营期的数字化管理，如图 3-83 所示。

图 3-80　谊建混凝土加工数字工厂点云模型及其在数字存档中应用
（a）可测量的模型；（b）整体点云模型；（c）内部模型（净化）；（d）内部模型（出料）

图 3-81　谊建混凝土加工数字工厂不同施工期点云模型
（a）初步成型；（b）竣工

(a)

(b)

图 3-82 谊建混凝土加工数字工厂不同施工期点云模型
(a) 点云模型；(b) 摄影测量

图 3-83 谊建混凝土加工数字工厂运维数字化管理
(a) 数字模型；(b) 运维管理

案例编写人：左自波（上海建工集团股份有限公司）
陈东（上海建工集团股份有限公司）

【案例 3-20】 四川猴子岩水电站坝

1. 项目概况

四川猴子岩水电站坝位于四川省甘孜藏族自治州康定县孔玉乡，电站装机容量 1700MW，库容为 6.62 亿 m^3。扫描范围为整个电站大坝，扫描目的是获取电站大坝三维模型，在电站蓄水前，评估电站是否具备运行条件，同时为电站后期运维数字化管理提供基础数据。扫描难点是恶劣环境下对整个大坝进行全覆盖测量，其中坝址区两岸山体陡峭，最大坡度为 60°。

2. 数据采集

三维扫描数据采集设备采用无人机倾斜摄影测量系统和三维激光扫描系统，前者用于 1:500 精度四川猴子岩水电站坝的实景三维建模，后者用于验证倾斜摄影实景三维建模的精度和获取三维数字模型。扫描设备明细表和 RIEGL VZ-2000 三维激光扫描仪技术参数分别见表 3-27 和表 3-28。扫描过程中，采用全站仪获得布设的 6 个控制点工程坐标。

三维扫描设备及功能　　　　　　　　　　　　表 3-27

序号	设备名称	型号	标称精度
1	4 旋翼无人机倾斜摄影测量系统	睿铂 Sony α7	3600 万像素
2	地面激光扫描仪	RIEGL VZ-2000	5mm

三维扫描系统（RIEGL VZ-2000）　　　　　　　表 3-28

型号	测距原理	最大测速（万点/s）	测距范围（m）	视场角（°）	角分辨率（°）	精度（mm）	其他
Riegl VZ-2000	脉冲式	22.2	2.5～2050	H：360 V：100	H：0.0015 V：0.0015	8 重复 5	详细见表 2-4

3. 数据处理

数据处理软件采用 Riscan PRO 和图像处理软件等。数据处理的主要流程为：基于控制点工程坐标和处理后点云数据控制点的拟合坐标，计算转换模型；根据转换模型将点云数据转换为工程坐标系点云；根据点云数据，建立三维模型；将扫描时获取的影像纹理映射至三维模型上，以此生成实景三维数字模型。

4. 成果及分析

图 3-84 和图 3-85 分别为四川猴子岩水电站坝倾斜摄影实景三维模型和三维扫描数字模型，提取模型特征点，将各部分提取的特征点线进行比较，得到平面位置误差为 0.21m，高程中误差为 0.23m，可见倾斜摄影实景三维模型测量误差满足现行行业标准《水电工程测量规范》NB/T 35029 中的规定值。三维点云模型和实景模型成果可用于评估电站是否具备运行条件，同时可用于电站后期运维的数字化管理。

图 3-84　四川猴子岩水电站坝
倾斜摄影实景三维模型

图 3-85　四川猴子岩水电站三维扫描数字模型

案例编写人：谢北成（中国电建集团成都勘测设计研究院有限公司）
　　　　　　陈尚云（中国电建集团成都勘测设计研究院有限公司）
　　　　　　程丽娟（中国电建集团成都勘测设计研究院有限公司）

【案例3-21】 青兰高速山东段

1. 项目概况

青兰高速公路山东段项目主干道约230km，扫描范围包括双向主干道、21段匝道、14个收费站和7个服务区。扫描目的是获取高速道路及附属设施全要素的高精度点云数据和可量测全景影像数据，并提取要素进行属性关联，建立路产资源数据库，为道路运维数字化管理平台提供基础数据。扫描难点是大范围扫描以及长周期扫描，实现数据的有效配准。

2. 数据采集

三维扫描数据采集设备采用VSurs-E车载扫描系统等设备[131-135]，如图3-86和表3-29所示。VSurs-E车载扫描系统包括三维激光扫描仪（Z＋F Profiler 9012，表3-30）、组合导航系统（SPAN-ISA-100C，表3-31）、GNSS接收机（Propak 6，表3-32）、全景相机（Ladybug5＋，表3-33）、工业相机（GS2-GE-50S5C，表3-34）等。

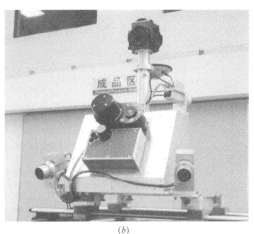

(a)   (b)

图3-86 VSurs-E车载扫描系统

(a) 内陆测量；(b) 海上测量

三维扫描设备及功能 表3-29

设备名称	数量	功能及作用
VSurs-E车载扫描系统	1套	获取道路信息数据
基站	3套	接收卫星导航信号
计算机	2台	用于数据采集及储存

三维扫描仪参数（Z＋F Profiler 9012） 表3-30

型号	测距原理	最大测速（万点/s）	测距范围（m）	视场角（°）	角分辨率(°)	精度（Ymm@Xm）	其他
Z＋F Profiler 9012	相位式	101.6	0.3～119	V:360	0.0088	1@50	详细见表2-4

组合导航系统（SPAN-ISA-100C） 表3-31

型号	后处理平面/高程精度(m)	后处理俯仰角/横滚角(°)	航向角(°)	工作频率(kHz)	工作温度(℃)	存储温度(℃)	防水防尘
SPAN-ISA-100C	0.01/0.02	0.003	0.004	200	−40～55	−40～85	IP67

GNSS接收机（Propak 6） 表3-32

型号	定位精度(mm)	数据更新率(Hz)	接收信号	工作温度(℃)	存储温度(℃)	防水防尘
Propak 6	水平10,高程20	5	GPS:L1 L2,BDS:B1 B2,GLONASS:L1 L2	−40～75	−40～95	IP67

全景相机（Ladybug5＋） 表3-33

型号	单镜头分辨率	6镜头拼接后分辨率	帧率	视场角(°)	工作温度(℃)	存储温度(℃)	防水防尘
Ladybug5＋	2448×2048	4000×8000	30FPS	360	−20～50	−30～60	IP67

工业相机（GS2-GE-50S5C） 表3-34

型号	单镜头分辨率	帧率	工作温度(℃)	存储温度(℃)
GS2-GE-50S5C	2448×2048	15FPS	0～50	−30～60

扫描实施包括前期准备、作业检查和点云数据采集等步骤。前期准备主要收集电子地图、地形图或影像地图，测区及周边的交通、气象和控制测量等资料；根据项目要求和测区状况，进行扫描方案设计；准备测量作业证和测区作业许可。作业检查主要包括工具检查、设备检查、软件检查、存储空间检查等。数据采集的主要流程为：扫描系统连接及启动、GNSS接收机开启、全景相机开启、扫描软件启动及设置、数据采集等。车载扫描系统数据采集过程中投入人员5人，负责值守基站、操作设备、驾驶车辆等工作，车辆行驶速度控制在60～70km/h。道路沿线共设置7个基准站架设点，基准站坐标解算采用单基线解算方法，用CORS进行检核。

3. 数据处理

数据处理软件采用VSursPROCESS等。数据处理原始数据包括组合导航数据、基准站数据、扫描仪数据以及影像数据等。数据处理的流程为：

（1）预处理

采用POS解算软件进行组合导航数据解算，使用VSursPROCESS软件进行原始数据解析、时空融合、空间坐标转换、全景影像处理等。

（2）数据处理

设置数据处理参数，软件自动化解析，获得测量车行驶轨迹、高精度真彩点云数据和全景影像。

（3）提取要素

提取路网数据、交通管理设施、交通安全设施、交通服务设施、收费设施、新能源设施、养护与应急设施等要素，如表3-35所示。其中，电子地图数据采用＊.shp格式，各图层包含空间及属性数据文件。以此，数据处理得到交通地理信息数据库（图3-87）。

高速道路及附属设施三维扫描要素　　　　　表 3-35

路网数据	高速公路、桩号、涵洞、桥梁、隧道、互通立交、匝道、出入口、收费站、服务区
交通管理设施	交通标志、路面标线、路灯等照明设施、紧急电话、监控摄像机、高清卡口、气象设施、能见度仪、情报板、广告牌、视频事件检测器、车辆检测器等
交通安全设施	防撞护栏、防眩板、隔离栅、声屏障、提醒警告标志
交通服务设施	服务区加油站、停车区等
收费设施	收费亭、计重设备、收费设备等
新能源设施	太阳能光伏阵列、充电桩等
养护与应急设施	公路养护用房、应急用房、应急物资点

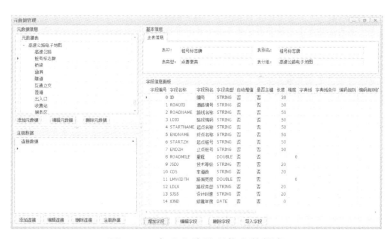

图 3-87　高速公路地理信息数据库

4. 成果及分析

图 3-88 和 3-89 分别为青兰高速公路山东段全景图像和点云数据，可进行测量。基于三维扫描数字建造技术，在现有公路数据库基础上，将现有路产数据库精度从米级提高到亚米级，能够满足交通基础设施快速调查和道路病害巡检与管理的需求，并将数据发布到地理信息服务平台，实现了高速公路信息数字化管理。图 3-90 和图 3-91 为数字成果的典型应用，例如，信息提取、绘制平面设计图等，为道路日常维护与管理提供决策依据。

图 3-88　青兰高速公路山东段
可量测全景图像

图 3-89　青兰高速公路山东段点云数据

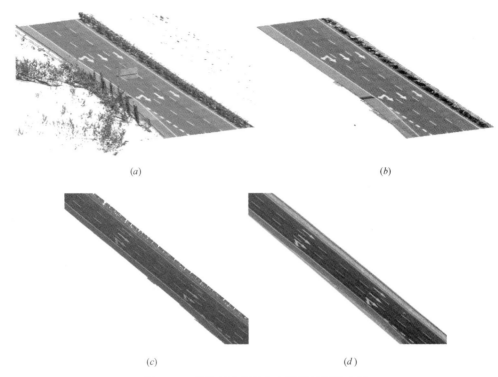

（a） （b）

（c） （d）

图 3-90　青兰高速公路山东段标线提取应用

（a）道路点云；（b）路面点云；（c）点云渲染；（d）矢量标线

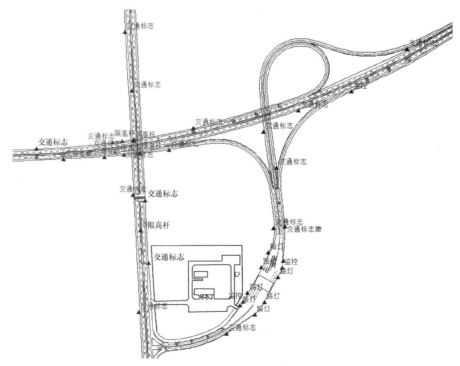

图 3-91　青兰高速公路山东段数字成果应用

案例编写人：刘如飞（山东科技大学）

王杰（青岛秀山移动测量有限公司）

【案例3-22】 四川田湾河梯级水电站

1. 项目概况

四川田湾河梯级水电站位于四川省甘孜州康定县和雅安市石棉县境内，扫描范围为田湾河梯级水电站的龙头水库电站仁宗海水库电站（图3-92），该电站由首部枢纽、"引田入环"输水工程、引水系统及厂区枢纽组成，电站总装机容量240MW。仁宗海水库电站水库扫描面积为3km^2，包括水下1.2km^2。扫描的目的是获取水上水下水库数字模型，为电站运维数字化管理提供基础数据。扫描难点是测区两岸为原始森林、无任何交通道路，导致测站无法布设，并且需要扫描获取水库水下数据。

图3-92 四川田湾河梯级水电站扫描范围

2. 数据采集

三维扫描数据采集设备采用无人机摄影测量系统和船载多波束扫描系统等，扫描设备明细如表3-36所示。无人机摄影测量系统用于扫描水库水上数据，多波束扫描系统和GNSS-RTK用于扫描水库水下数据。Teledyne Reson SeaBat T50-P技术参数如表3-37所示。水库水下扫描测线间距按照测区浅水区水深的1.5～2.0倍布设，主测深线的间距小于有效测深的80%，水下扫描测线平面图和剖面图分别如图3-93和3-94所示。

三维扫描设备及功能　　　　　　　　　　　　　　　　表3-36

序号	设备名称	型号	标称精度	数量
1	双频GNSS接收机	中海达V90	3mm+1ppm	4台
2	飞马无人飞机,搭载数字航空摄影仪	飞马D200型飞机、SonyRX1R2相机	5cm地面分辨率	1套
3	船载多波束测深仪	Reson T50-P	—	1套
4	便携式计算机、台式电脑	—	—	8台

多波束扫描系统（SeaBat T50-P）　　　　　　　　　表3-37

型号	最大发射速率（kHz）	量程分辨率（mm）	测距范围（m）	波束角度（°）	覆盖宽度（°）	波束个数
SeaBat T50-P	420	6	0.5～575	0.5°×1°@400kHz/1°×2°@200kHz	150/165	512

115

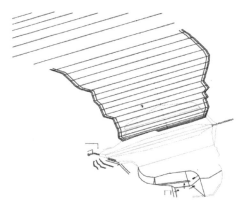

图 3-93　仁宗海水库电站水库水下扫描测线平面图

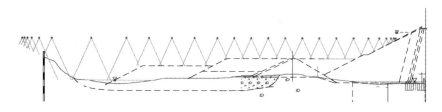

图 3-94　仁宗海水库电站水库水下扫描测线剖面图

3. 数据处理

水下扫描数据处理软件采用多波束扫描处理软件 CARIS HIPS 及 SIPS，库容计算软件 ArcMap 等；水上扫描数据处理软件采用影像处理软件天工加密软件、SMART3D 软件、航天远景测图软件，以及编图软件南方 CASS9.1。水下扫描数据处理的流程如图 3-95 所示。

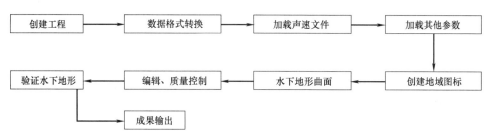

图 3-95　仁宗海水库电站水库水下扫描数据处理流程

4. 成果及分析

通过水上水下三维扫描得到仁宗海水库电站水库 1∶500 数字地形图、1∶500 数字高程模型 DEM，三维数字模型如图 3-96 所示。根据 DEM 生成等高线，可按指定的高程计算相应的库容。通过扫描误差校核，扫描测深相对误差为 ±0.2%（相对于所测深度），即最大测深以 27m 计算中误差为 ±0.054m，满足《水电工程测量规范》NB/T 35029 中规定的测深中误差 ±0.015H（H 为水深）的要求。通过三维扫描获得了高精度、高密度的书库点云模型，为水库后期合理化运行提供数据支持。

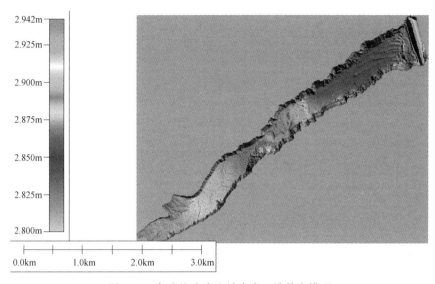

图 3-96　仁宗海水库电站水库三维数字模型

案例编写人：谢北成（中国电建集团成都勘测设计研究院有限公司）
　　　　　　陈尚云（中国电建集团成都勘测设计研究院有限公司）
　　　　　　程丽娟（中国电建集团成都勘测设计研究院有限公司）

【案例 3-23】 上海西站

1. 项目概况

上海西站三维扫描范围为候车大厅及其月台，建筑面积 8.4 万 m²，扫描的目的是施工完成后，建立三维数字模型，为后期运维提供数据支撑。扫描的难点为车站已正式运行，往来的列车增加了扫描的障碍，且无法开展月台遮雨篷上表面的扫描工作。扫描的难点也增加了后期数据处理的难度。

2. 数据采集

三维扫描数据采集设备采用 FARO Focus3D X330 三维激光扫描仪（性能参数见表 3-38），以及三脚架、水平基座等辅助设备。根据设计的扫描方案从候车大厅室内角部开始，再到候车大厅外部，最后到月台。实施流程与地面激光扫描流程一致。点云数据采集完成之后，进行相机拍照获取纹理数据。

三维扫描仪参数（FARO Focus3D X330）　　　　　　　表 3-38

型号	测距原理	最大测速（万点/s）	测距范围（m）	视场角（°）	角分辨率（°）	精度（Ymm@Xm）	其他
FARO Focus3D X330	相位式	97.6	0.6～330	H：360；V：300	H/V：0.009	2@10（90%）	详细见表 2-4

3. 数据处理

数据处理软件采用 FARO SCENE（图 3-97）、3D MAX 和 Revit（图 3-98），主要流程包括点云数据处理、纹理照片处理和测量重构。

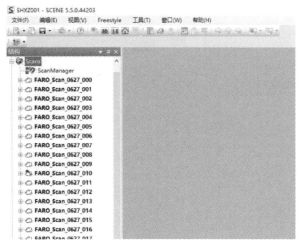

图 3-97　数据处理软件

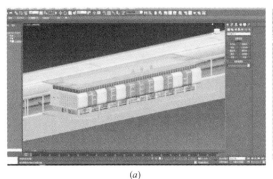 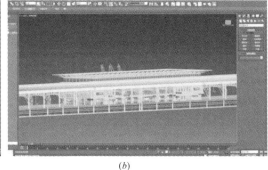

(a) (b)

图 3-98　上海西站数据处理

（a）候车大厅；（b）月台

4. 成果及分析

图 3-99 和图 3-100 分别为上海西站点云数据和最终建立的运维数字模型，真实地再现了候车大厅和月台，为工程运维期的数字化管理提供了基础数据。

(a) (b)

图 3-99　上海西站点云数据

（a）候车大厅；（b）月台

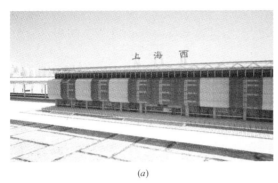

(a)　　　　　　　　　　　　　　　　(b)

图 3-100　上海西站运维数字模型

（a）候车大厅；（b）月台

案例编写人：赵亮（北京金景科技有限公司）

【案例 3-24】 滕州市马河水库

1. 项目概况

滕州市马河水库水下水上一体化测绘项目位于滕州市城区东北 15km 处，龙山和谷山之间，坐落于南四湖流域的北沙河上游，依偎在龙山脚。水库工程主要包括主坝、副坝、溢洪道、放水洞、发电站等。水库控制流域面积 240km^2，南北约 6km，总库容 1.38 亿 m^3。主坝为黏土心墙砂壳坝，长 926m，河床宽约 200m，坝高最大达 23.3m。扫描范围包括主坝水库，扫描面积约 10km^2。

扫描的目的是获取主坝水库三维数字模型，构建水库运维的三维数字化管理平台。扫描难点主要包括：水陆交界地带扫描过程存在水上水下坐标系统不统一；小型岛礁登岛危险或无法登岛；岸边测站无法布设；测深仪声波无法到达岸边，存在测量空白；水上部分缺乏有效的测量手段等。

2. 数据采集

三维扫描数据采集设备采用 VSurs-W 船载扫描系统等设备[136-140]，如图 3-101 和表 3-39 所示。VSurs-W 型船载扫描系统包括三维激光扫描仪（Riegl VZ1000，表 3-40）、多

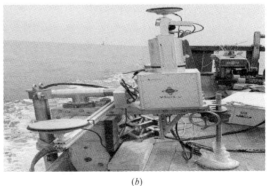

(a)　　　　　　　　　　　　　　　　(b)

图 3-101　VSurs-W 船载扫描仪

（a）内陆测量；（b）海上测量

119

波束测深仪（sonic 2024，表 3-41）、惯性导航系统和 GNSS 定位导航系统（SPAN-LCI，表 3-42）等，可实现水上水下一体化测量。其中，三维激光扫描仪和多波束测深仪分别用于水上和水下扫描。

三维扫描仪设备及功能　　　表 3-39

设备名称	数量	功能及作用
VSurs-W 型船载扫描仪	1 套	获取水上水下地理信息数据
基站	1 套	获取控制点同步观测 GNSS 数据
手持 RTK	1 套	控制点基站信息检核和验潮点布设
验潮仪	1 套	获取潮位数据
声速剖面仪	1 套	获取声速剖面数据
计算机	2 台	用于数据采集

三维扫描仪参数（Riegl VZ1000）　　　表 3-40

型号	测距原理	最大测速（万点/s）	测距范围（m）	视场角（°）	角分辨率（°）	精度（mm）	激光等级
Riegl VZ1000	脉冲式	12.2	2.5～1400	H：360；V：100	H/V：0.0005	8 重复 5	详细见表 2-4

多波束测深仪参数（sonic 2024）　　　表 3-41

型号	最大发射速率（kHz）	量程分辨率（cm）	测距范围（m）	量程分辨率（cm）	工作频率（kHz）	波束角度	覆盖宽度（°）	波束个数
Sonic 2024	75	1.25	500	1.25	200～400	0.5°×1°@400kHz/1°×2°@200kHz	10～160	256

组合导航指标（SPAN-LCI）　　　表 3-42

型号	定位精度(mm)	数据更新率(Hz)	俯仰、横滚角精度(°)	航向精度(°)
SPAN-LCI	水平 10，高程 20	200（INS 测量、速度、位置、姿态）	0.005	0.008

　　扫描实施包括前期准备、作业检查和点云数据采集等步骤。前期准备主要收集测区气象环境、水文环境、潮汐情况、控制点坐标信息、临时验潮站选址、岛礁周边状况等资料；根据项目要求和测区状况布设合理测线，并做好施工设计、质量把控和安全措施等。作业检查主要包括发电机检查、工具检查、设备检查、软件检查、存储空间检查等。

　　数据采集的主要流程如图 3-102 所示，主要包括以下步骤：

　　① 架设基站，在控制点架设基站，开机记录 GNSS 观测数据。

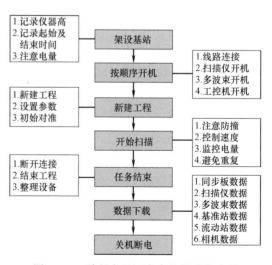

图 3-102　滕州市马河水库数据采集流程

② 验潮，在布设的验潮点安置验潮仪记录潮位数据，数据采集期间进行人工验潮。

③ 声速剖面测量，在合适地点下布设声速剖面仪，获取声速数据。

④ 系统硬件启动，系统通电，打开各测量传感器。

⑤ 系统控制，打开软件，连接各传感器，设置参数，控制传感器进行数据采集。

⑥ 数据采集，根据规划好的测线，进行测量；采集过程中时刻观察各传感器状态，并根据实际变化对传感器参数进行实时调整。

⑦ 数据下载，数据采集结束后及时对各类传感器数据进行下载整理。

数据采集过程中投入人员6人，负责值守基站、验潮、设备操作、甲板瞭望等工作。

3. 数据处理

数据处理软件采用 VSursPROCESS 等。数据处理首先进行数据分类整理，对采集得到的流动站组合导航数据、基准站 GNSS 数据、扫描仪原始数据、多波束原始数据、同步板数据、声速剖面数据和验潮数据等进行分类整理。其次，进行数据预处理，使用 POS 解算软件对采集的基站数据和流动站组合导航数据进行解算，获得高精度位置姿态解算结果，为其他传感器的数据解算提供位置基准；采用 VSursPROCESS 软件完成三维激光扫描仪点云、多波束水下点云数据和照片数据解析，并进行坐标转换、数据分块和数据合并等。最后，进行点云数据处理，采用 VsurPointCloud 软件对预处理得到的水上水下点云数据进行处理，包括点云滤波、抽稀、加密、交互式去除噪点，以此得到坐标系统统一的水上水下点云数据，如图3-103所示。

 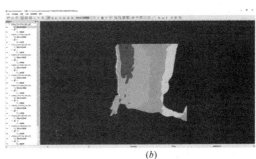

(*a*) (*b*)

图 3-103 滕州市马河水库数据处理

(*a*) 预处理；(*b*) 点云处理

4. 成果及分析

通过解决水上水下坐标系统统一、点云全覆盖扫描、地理信息快速获取、数据高效处理等技术难题，基于水上激光点云数据和水下多波束点云数据，得到了滕州市马河水库水上水下一体的三维点云数据（图3-104），以此为基础数据，构建三维可视化模型（图3-105），

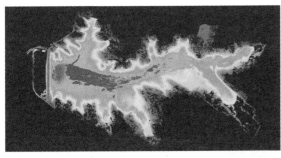 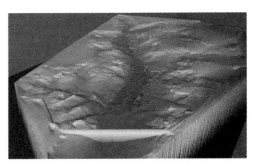

图 3-104 滕州市马河水库水上水下三维点云数据 图 3-105 滕州市马河水库三维可视化模型

开发了水库运维的三维数字化管理平台（图 3-106），可用于水库运营期水库库容分析、动态水位模拟、三维漫游、水库挖沙分析、改造施工等。

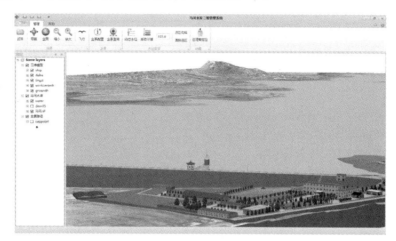

图 3-106　滕州市马河水库运维的数字化管理平台

案例编写人：刘如飞（山东科技大学）

　　　　　　王杰（青岛秀山移动测量有限公司）

3.3.9　建构筑物灾害应急分析

【案例 3-25】　四川广安白塔抢险项目

1. 项目概况

四川广安白塔，位于广安市城南 2km，建于南宋公元 1174～1224 年期间。塔高为 36.7m，塔身为四方形、砖石结构，9 层仿木楼阁式建筑。

白塔作为全国文物保护单位，由于近年来自然灾害的影响，急需了解白塔的保存和完好状态。为此，扫描的目的是全面对白塔进行勘察和病害诊断，为后期的修复设计提供可靠的依据。扫描的难点是获取点云数据的后期病害分析。

2. 数据采集

三维扫描数据采集设备采用 Leica Scanstation C10 三维激光扫描仪（性能参数见表 3-43）。白塔内外扫描测站共设置 30 个测站。实施过程中，先对白塔进行三维激光扫描数据采集，后对白塔进行 RGB 光学照片拍摄。

三维扫描仪参数（Leica Scanstation C10）　　　　　　　　　　表 3-43

型号	测距原理	最大测速（万点/s）	测距范围（m）	视场角（°）	角分辨率（°）	精度（Ymm@Xm）	激光等级	激光波长（nm）	激光束直径(Ymm@Xm)	稳定性温度（℃）/防护等级（IP）	重量（kg）	待机时间（h）	内置相机（万像素）	配套软件
Leica Scanstation C10	脉冲式	5	0.2～300	H:360 V:270	H/V: 0.0033	6@50m	3R	532	4.5@50	0～40 IP54	13	4	400	Cyclone

3. 数据处理

数据处理软件采用 cyclone，数据处理流程与常规地面激光扫描一致，主要包括点云去噪、点云配准、坐标转换、彩色点云生成、数据修剪等。

4. 成果及分析

通过数据处理得到了四川广安白塔点云数据，如图 3-107 所示。根据点云数据，导出白塔的正立面图、剖面图，进行病害分析。与代表性建构筑物灾损模型（图 3-108）[119]对比，白塔灾损状态总体为无损构筑物（完好建筑物），但局部存在病害。

(a)   (b)

图 3-107 四川广安白塔点云数据
(a) 整体模型；(b) 局部模型

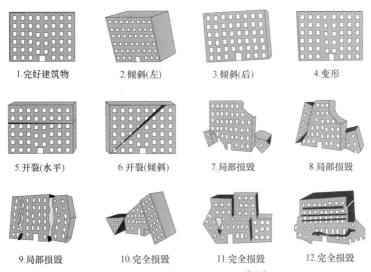

1. 完好建筑物　　2. 倾斜(左)　　3. 倾斜(后)　　4. 变形

5. 开裂(水平)　　6. 开裂(倾斜)　　7. 局部损毁　　8. 局部损毁

9. 局部损毁　　10. 完全损毁　　11. 完全损毁　　12. 完全损毁

图 3-108 建构筑物灾损模型[119]

由图 3-109 和图 3-110 可见，白塔塔身底部和顶部存在大量植物根劈及微生物病害，空鼓、裂缝等结构病害主要分布于塔身下半段，各种原因引起的水蚀、风化等表面剥落主要分布在每一层的壁柱和墙面底部，一至五层塔身以及塔心室内墙壁遭受人为破坏明显。与传统分析手段相比，采用三维扫描测量重构技术对建构筑物进行灾损分析，测绘精度更高、分析更客观、科学；同时扫描得到的点云模型可用于后期抢修方案设计。基于本节的技术，结合有限元分析等技术，可为灾后建构筑物的安全状态评估提供技术参考。

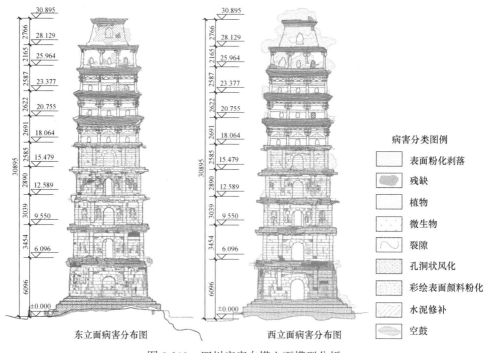

图 3-109　四川广安白塔立面模型分析

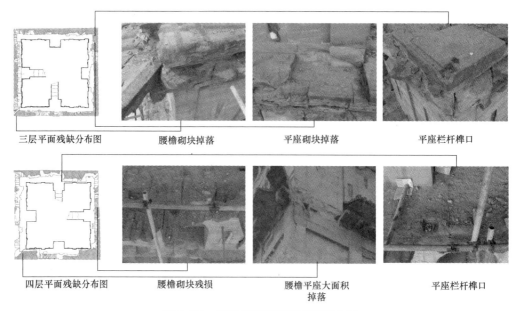

图 3-110　四川广安白塔剖面模型分析

案例编写人：曹永康（上海交通大学）
　　　　　　　杨鹏（上海交大建筑遗产保护中心）

思考

1. 简述三维扫描测量重构的要点。
2. 简述三维扫描测量重构应用注意事项。
3. 简述三维扫描测量重构的应用场景。

第 4 章

三维扫描质量检测技术

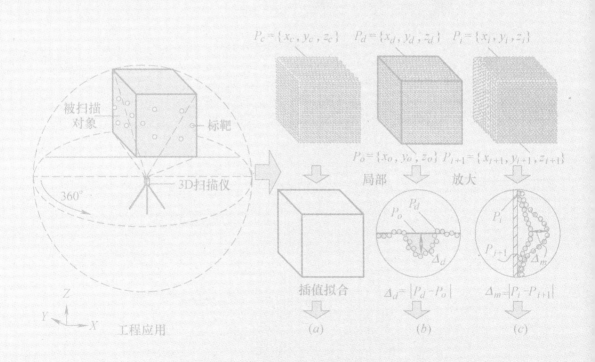

4.1　概述

三维扫描质量检测技术，改变了施工检测需通过人工的模式，大幅度降低人力成本，极大提高了施工效率。本章主要介绍三维扫描质量检测技术基本原理、应用注意事项和工程应用案例。

本章重点：

- 质量检测基本原理
- 质量检测应用注意事项
- 施工偏差分析及控制
- 施工期建筑及构件质量检测
- 施工竣工验收检测
- 预制结构加工质量检测及虚拟拼装
- 运营期损伤检测及维护管理

4.2　质量检测基本原理

4.2.1　质量检测关键技术

三维扫描质量检测是通过三维扫描技术获得对象（被扫描对象为生产加工完成后或运营后损伤后检测对象）的三维点云数据与被扫描对象的模型（设计模型或投入使用前的模型）坐标的比较分析，得到被扫描对象设计与生产或运营期间与运行前的偏差，实现被扫描对象质量检测的技术。其主要流程如图 4-1 所示。

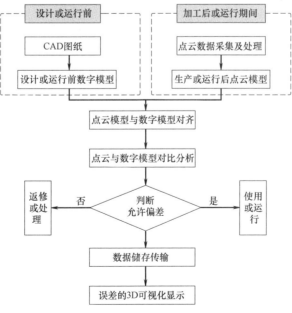

图 4-1　三维扫描质量检测基本流程

质量检测过程中为了确定被扫描对象设计与生产或运营期间出厂前的偏差 $\boldsymbol{\Delta}_d$，获取 $\boldsymbol{P}_d$ 的扫描方法与模型重构相似，为了判断扫描数据 $\boldsymbol{P}_d$ 的质量，扫描对象识别的最小阀值 $\boldsymbol{S}f_{min}$，按式（4-1）计算[17]：

$$\boldsymbol{S}f_{min} = n \cdot \tan(Rs_\varphi)\tan(Rs_\theta)(\boldsymbol{M}_o \cdot \rho_{max})^2 \tag{4-1}$$

式中，n 为预设的为最小点数；Rs_φ 和 Rs_θ 分别为水平和竖向角分别率；$\boldsymbol{M}_o \cdot \rho_{max}$ 为设计三维模型表面；若扫描结果 $\boldsymbol{P}_d \geqslant \boldsymbol{S}f_{min}$，则视为扫描结果可以识别，否则扫描对象不可识别。

$\boldsymbol{P}_o$ 需将其转化拟合为一系列外表面平面，设任一平面方程为

$$z = p_1 x + p_2 y + p_3 \tag{4-2}$$

式中，p_1、p_2、p_3 为待拟合参数。

为了拟合平面方程，则需满足式（4-3）：

$$\begin{cases} Pf = \sum_{oi=0}^{S} (p_1 x + p_2 y + p_3 - z)^2 \\ \dfrac{\partial Pf}{\partial P_{oj}} = 0 \quad (oj = 1, 2, 3) \\ 0 \leqslant Pf \leqslant \min(M_s, M_l) \end{cases} \tag{4-3}$$

式中，M_s 和 M_l 分别为拟合误差允许的最小值和最大值。

由式（4-2）和式（4-3）可得到：

$$\begin{pmatrix} \sum x_{oi}^2 & \sum x_{oi}y_{oi} & \sum x_{oi} \\ \sum x_{oi}y_{oi} & \sum y_{oi}^2 & \sum y_{oi} \\ \sum x_{oi} & \sum y_{oi} & S \end{pmatrix} \begin{pmatrix} p_1 \\ p_2 \\ p_3 \end{pmatrix} = \begin{pmatrix} \sum x_{oi}z_{oi} \\ \sum y_{oi}z_{oi} \\ \sum z_{oi} \end{pmatrix} \tag{4-4}$$

将式（4-4）求解的 p_1、p_2、p_3 代入式（4-2），即拟合得到任一平面方程。则偏差 $\boldsymbol{\Delta}_d$ 可由式（4-5）计算：

$$\boldsymbol{\Delta}_d = \frac{|p_1 x_d + p_2 y_d - z_d + p_3|}{\sqrt{p_1^2 + p_2^2 + p_3^2}} \tag{4-5}$$

4.2.2 质量检测应用注意事项

三维扫描质量检测技术是在测量重构技术的基础上增加了被扫描对象点云数据与被扫描对象数字模型对齐、对比分析过程，得到设计与生产或运营期间与运营前的偏差，实现扫描对象的质量检测。因此，质量检测实际应用中，除了满足测量重构应用的注意事项，还需考虑以下事项：

（1）点云模型与数字模型的对齐。对齐可以借助于控制点对齐、特征对齐、最佳配准、坐标系对齐、手动对齐。控制点对齐，是通过点云模型的控制点与数字模型控制点匹配进行对齐，控制点数不能少于 3 个，且 3 点不能共线。特征对齐，是通过相应的点云模型关键特征与数字模型关键特征匹配，进行对齐；特征对齐不限于平面、特征轴、圆柱、

圆锥、圆球、关键要素等。最佳对齐，是参考数字模型固定，采用一定的算法使得检测点云经过平移和旋转与数字模型对齐最优；参数设定直接影响对齐的时间和精度，如设定对齐点云单点的样本数量越小，计算用时越短，则精度越低，反之，用时越长，则精度越高；允许公差设定的越大，计算用时越短，则精度越低，反之，用时越长，则精度越高；探测半径（偏差距离）默认值通常设置为零，当所有检测数据与参考数据存在已知距离时，设定为非零；选择对称、微调整、高精度匹配、自动消除缺陷等均影响对齐的计算时间和精度。坐标系对齐，是将点云模型的坐标系与数字模型的坐标系转化一致，进行对齐。在上述对齐方法都不适用的情况，可通过手动将检测点云经过平移和旋转与数字模型对齐。

（2）点云模型与数字模型的对比分析。质量检测对比分析实际是求解式（4-5）的过程，以此得到偏差，偏差的类型包括三维偏差、方向偏差和平面偏差，如图 4-2 所示；三维偏差，是指检测点云数据到参考模型的最短距离；方向偏差，是指检测点云数据到参考模型距离；平面偏差是指用户指定平面内检测点云数据到参考模型的最短距离，见图 4-2（c）中的线 2。偏差对比中，根据式（4-1）的要求，检测点云模型需要有足够的数据才可与数字模型对比分析，否则对比分析的可靠性无法保证。实际计算出的偏差 Δ_Q 包括扫描误差 Δ_{de}、配准误差 Δ_{dr}、对齐误差 Δ_{da} 和偏差 Δ_q，如式（4-6）所示，因此，质量检测中不仅要考虑第 2、3 章中扫描误差及配准误差的控制，同时要考虑对齐误差、计算拟合误差。

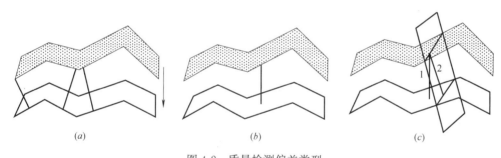

图 4-2　质量检测偏差类型

（a）三维偏差；（b）方向偏差；（c）平面偏差

$$\Delta_Q = \Delta_{de} + \Delta_{dr} + \Delta_{da} + \Delta_q \tag{4-6}$$

4.3　工程应用案例

4.3.1　施工偏差分析及控制

【案例 4-1】　上海迪士尼乐园

1. 项目概况

上海迪士尼乐园位于上海市浦东新区川沙新镇，占地面积 390 公顷[141]，扫描范围为城堡主体结构（图 4-3），城堡主体结构为混凝土框架，外部装饰面采用大量 GRC 线条及

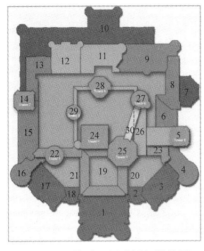

图 4-3 上海迪士尼乐园扫描范围

艺术化主题抹灰等方式来塑造欧式城堡风格。由于城堡各层平面不规则、立体构造复杂，主体结构施工存在偏差，使得外部装饰施工面临较大挑战，因此，拟采用三维扫描质量检测技术，对已施工主体结构表面进行测量，与设计模型进行比较，修正施工产生的偏差，解决艺术装饰面深化设计及施工测量等难题。扫描难点是大型异形结构高空无遮挡扫描。

2. 数据采集

三维扫描数据采集设备采用 Leica HDS6000（性能参数见表 4-1）和佳能 5Dmark2 相机。扫描采用有标靶配准模式，扫描测站间距 15m。通过人工测量典型区域，对扫描的准确性进行校核，校核方案见图 4-4。其中典型区域为装饰里面复杂的位置，如图 4-4（b）深色标识区域所示。人工测量效率较低，因此，水平和竖向测点间隔小于 2m。

三维扫描仪参数（Leica HDS6000）   表 4-1

型号	测距原理	最大测速（万点/s）	最大测距（m）	视场角（°）	角分辨率（°）	精度（Ymm @Xm）	激光等级	激光束直径（Ymm @Xm）	稳定性温度（℃）/防护等级（IP）	重量（kg）	待机时间（h）	配套软件
Leica HDS6000	相位式	50	79	H：360 V：310	H/V：0.0069	6@25 10@50	3R	14mm/50m	0～40 IP54	16	1.5	Cyclone

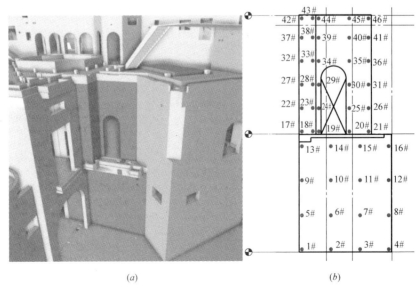

(a)   (b)

图 4-4 上海迪士尼乐园三维扫描准确性校核方案

（a）局部校核区域；（b）立面校核点

3. 数据处理

数据处理软件采用 cyclone、Autodesk Navisworks Manage 等。数据处理的拼接精度和坐标转化精度均小于 3mm。

4. 成果及分析

图 4-5 为数据处理得到的上海迪士尼乐园点云模型。将典型部位三维扫描测量结果与人工测量结果进行对比，如图 4-6 所示，由图可见，三维扫描数据与人工测量数据相差较小，偏差最大值为 7mm，三维扫描测量的结果可靠度较高。将三维扫描点云模型与设计模型进行对比分析，得到施工偏差。在外部装饰面深化设计时，基于偏差分析结果，对设计图纸进行修正，保证外部装饰面安装施工的精度。

图 4-5 上海迪士尼乐园点云模型

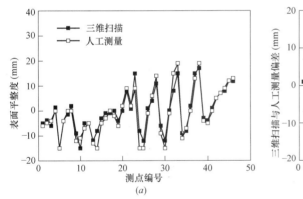 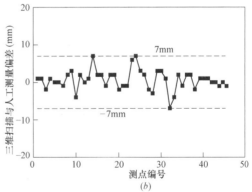

图 4-6 上海迪士尼乐园三维扫描与人工测量对比分析
（a）测量值；（b）测量偏差

案例编写人：龚剑（上海建工集团股份有限公司）
左自波（上海建工集团股份有限公司）

【案例 4-2】 上海复旦大学相辉堂

1. 项目概况

复旦大学相辉堂位于上海市杨浦区复旦大学校园邯郸路以北校区的中西部，是历史保护建筑，建筑为青瓦白墙＋木屋架坡屋顶＋红色窗格的两层结构，总建筑面积 $5047m^2$，其中修缮建筑面积 $1777m^2$。相辉堂修缮及扩建内容（图 4-7）包括：木构件修复加固、拉毛墙面修复、木门窗修缮、屋顶建筑风貌复原，以及在原有建筑邻近进行扩建。扫描范围相辉堂内部结构，扫描目的是形成三维数字模型，为变形监测和质量检测提供三维数据，为历史建筑加固修缮过程的风险控制提供评估数据。

图 4-7　复旦大学相辉堂修缮及扩建方案

2. 数据采集

三维扫描数据采集设备采用 Z＋F Imager 5010 三维激光扫描仪（性能参数见表 4-2）。扫描采用无标靶配准模式。扫描测站间距小于 $15m$；扫描主要流程与地面三维激光扫描流程相同。在相辉堂南堂加固完成后，对整个木屋结构进行三维扫描，共布设测站 26 个，如图 4-8 所示。

三维扫描仪参数（Z＋F imager 5010）　　　　　　　　　　　　表 4-2

型号	测距原理	最大测速（万点/s）	测距范围（m）	视场角（°）	角分辨率（°）	精度（Ymm@Xm）	其他
Z＋F imager 5010	相位式	101.6	0.3～187.3	H：360；V：320	H：0.0004；V：0.0002	1@50 线性	详细见表 2-4

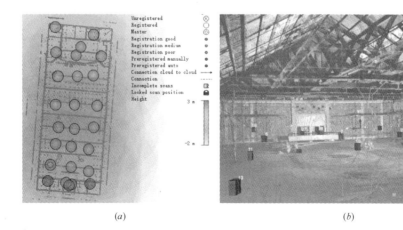

(a)　　　　　　　　　　　　　(b)

图 4-8　复旦大学相辉堂扫描方案

（a）测站布设平面；（b）测站布设三维视图

3. 数据处理

数据处理软件采用 Z＋F Laser Control、JRC 3D Reconstructor 和 Geomagic Control 等，前两者用于点云数据处理、后者用于偏差分析。将相辉堂 BIM 设计模型与处理后的点云模型进行对比，如图 4-9 所示。

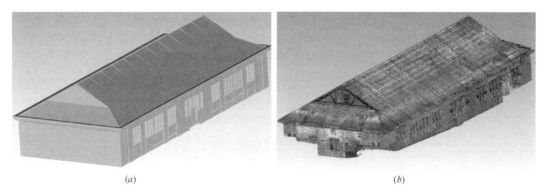

(a)　　　　　　　　　　　　　　　　　　(b)

图 4-9　复旦大学相辉堂设计与点云模型对比

(a) BIM 设计模型；(b) 点云模型

4. 成果及分析

通过 BIM 设计模型与点云模型的对比，得到复旦大学相辉堂施工偏差如图 4-10 所示，可直观查看不同位置偏差大小。通过不同时期扫描结果对比，为历史建筑加固修缮过程的风险控制提供评估数据，保证了修缮和扩建施工过程中既有历史建筑的安全，图 4-11 为相辉堂修缮及扩建前后对比。

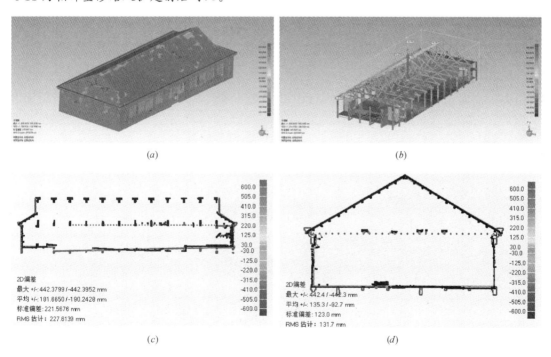

(a)　　　　　　　　　　　　　　　　　　(b)

(c)　　　　　　　　　　　　　　　　　　(d)

图 4-10　复旦大学相辉堂施工偏差（单位：mm）

(a) 外部结构；(b) 内部结构；(c) 正剖面；(d) 侧剖面

(a)   (b)

图 4-11　复旦大学相辉堂修缮及扩建前后对比

（a）修缮及扩建前；（b）修缮及扩建后

案例编写人：左自波（上海建工集团股份有限公司）

陈东（上海建工集团股份有限公司）

【案例 4-3】　上海深水拖曳水池实验室

1. 项目概况

深水拖曳水池实验室为航运技术与安全科研设施及基地建设项目，位于上海市长兴岛长涛东路仁建路口，实验基地包括拖曳水池、航海安全水池、模型综合车间、空泡水洞及综合实验楼等。水池的长、宽、深分别为 398.7m、18m、9.4m，干舷高度 0.9m，工作层标高＋5.5m，池顶标高＋6.4m，池底标高－3.9m。扫描范围为水池的表面结构，扫描目的是检测已施工水池（图 4-12）内壁和池底平整度，扫描难点是狭长结构的快速扫描。

2. 数据采集

三维扫描数据采集设备采用 Z＋F Imager 5010 三维激光扫描仪（性能参数见表 4-3）。扫

(a)   (b)

图 4-12　上海深水拖曳水池实验室水池结构

（a）左视图；（b）右视图

描采用无标靶配准模式。扫描主要流程与地面三维激光扫描流程相同。水池施工完成后，开展三维扫描，扫描共布设 65 个扫描测站，其中，内部布设扫描测站 19 个，间距为 20m，外部布设扫描测站 42 个，间距为 25m，操作平台布设 4 站，间距为 5m，扫描方案如图 4-13 所示。

三维扫描仪参数（Z＋F imager 5010）　　　　　　　　表 4-3

型号	测距原理	最大测速（万点/s）	测距范围（m）	视场角（°）	角分辨率（°）	精度（Ymm @Xm）	其他
Z＋F imager 5010	相位式	101.6	0.3～187.3	H：360；V：320	H：0.0004；V：0.0002	1@50 线性	详细见表 2-4

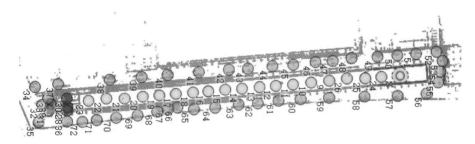

图 4-13　上海深水拖曳水池实验室扫描方案

3. 数据处理

数据处理软件采用 Z＋F Laser Control、JRC 3D Reconstructor 和 Geomagic Control 等，前两者用于点云数据处理、后者用于偏差分析。将处理后的内部点云模型与设计模型进行配准、对比分析，如图 4-14 所示。其中，基准点水平位置设置在施工图平面 A 轴与 1 轴交点处，垂直位置设置在施工图剖面±0.000 处。

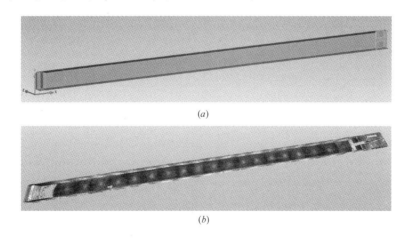

图 4-14　上海深水拖曳水池实验室内部设计模型与点云模型对比
（a）设计模型；（b）点云模型

4. 成果及分析

图 4-15 为上海深水拖曳水池实验室内部结构施工三维偏差，偏差单位为 mm，正值表示相对于设计模型向外偏移，负值表示相对于设计模型向内偏移。由图可见，最大正向和负向偏差分别为 255.3mm 和 325mm 位于水池底部，正向偏差平均值为 12.3mm，负向偏差平均值为 44.1mm。

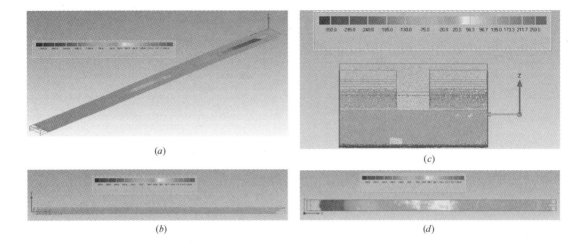

(a)

(b) (c)

(d)

图 4-15　上海深水拖曳水池实验室内部结构三维偏差（单位：mm）
(a) 三维视图；(b) 正视图；(c) 侧视图；(d) 俯视图

为了进一步分析施工偏差，沿 X 轴方向在 3.5m、65m、80m、110m、140m、190m、230m、270m、315m、350m、397m 处设置剖面，沿 Y 轴方向在 6.6m、13m、19.3m 处设置剖面，沿 Z 轴方向在－1.8m、0mm、3.5m 处设置剖面，共设置 17 个剖面，如图 4-16 所示。得到施工偏差如表 4-4 所示，其中底部偏差较大，原因在于实际施工中水池底部进行了放坡施工。

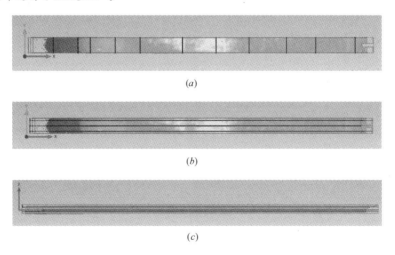

(a)

(b)

(c)

图 4-16　上海深水拖曳水池实验室内部结构施工三维偏差
(a) X 方向；(b) Y 方向；(c) Z 方向

上海深水拖曳水池实验室内部结构施工偏差　　　　　表 4-4

坐标轴剖面	内壁向内偏最大值（mm）	内壁向外偏最大值（mm）	水池底部向下偏最大值（mm）	水池底部向上偏最大值（mm）
X 轴	17.8	29.7	262.9	49.5
Y 轴	3.7	83.0	271.4	73.8
Z 轴	20.6	92.3	—	—

图 4-17 和表 4-5 为内壁平整度偏差分析结果，南侧上部（3.4m 以上）偏差最大位于九区，偏差大于 10mm 占该区的 35%，下部（3.4m 以下）偏差最大位于九区，偏差大于 20mm 占该区的 14%，南侧上部超限率为 11%，南侧下部超限率为 6%；北侧上部（3.4m 以上）偏差最大位于九区，偏差大于 10mm 占该区的 35%，下部（3.4m 以下）偏差最大位于四区，偏差大于 20mm 占该区的 10%，北侧上部和下部超限率均为 7%。

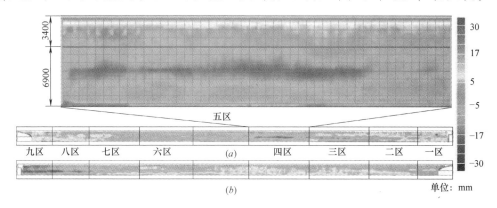

图 4-17　上海深水拖曳水池实验室内壁平整度偏差云图

（a）南侧；（b）北侧

上海深水拖曳水池实验室内壁平整度偏差　　　　　　　表 4-5

南北侧	平行度要求 (mm)	最大值 (mm)	一区		二区		三区		四区		五区		六区		七区		八区		九区		超限面积 (m²)	超限占比 (%)
			超限面积 (m²)	超限占比 (%)	超限面积 (m²)	超限占比 (%)	超限面积 (m²)	超限占比 (%)	超限面积 (m²)	超限占比 (%)	超限面积 (m²)	超限占比 (%)	超限面积 (m²)	超限占比 (%)	超限面积 (m²)	超限占比 (%)	超限面积 (m²)	超限占比 (%)	超限面积 (m²)	超限占比 (%)		
南侧	≤10	30	18	20	20	23	0	0	0	0	14	15	10	10	0	0	0	0	24	35	86	11
	≤20	30	25	8	2	1	22	7	32	10	0	0	0	0	13	4	5	2	27	14	126	6
北侧	≤10	15	24	26	0	0	0	0	2	3	3	3	0	0	5	5	2	3	24	35	60	7
	≤20	30	34	10	15	5	23	7	35	10	17	5	8	2	19	6	15	2	0	0	192	7

案例编写人：左自波（上海建工集团股份有限公司）

　　　　　　潘峰（上海建工五建集团有限公司）

　　　　　　陈东（上海建工集团股份有限公司）

【案例 4-4】　河北崇礼冬奥会滑雪副场馆钢结构

1. 项目概况

崇礼冬奥会滑雪副场馆钢结构项目位于张家口市崇礼区，扫描范围为滑雪副场馆屋面钢结构，面积为 2.5 万 m²，屋面钢结构为波浪形的异形结构，由于钢结构焊接施工，钢结构发生变形，与设计存在偏差，使得屋面铺装施工带来挑战。为此，扫描目的是获得屋顶异形钢结构点云模型，并进行偏差分析，为屋面铺装设计和高精度施工提供基础数据。

2. 数据采集

三维扫描数据采集设备采用 Z＋F IMAGER 5010C 三维激光扫描仪（性能参数见表 4-6）。扫描采用无标靶配准模式。扫描测站间距小于 15m；扫描过程分辨率设置为

3mm@10m（10m 处点间距 3mm），单站扫描时间设置为 3min15s。扫描主要流程与地面三维激光扫描流程相同。点云数据采集时，施工现场的控制点通过黑白标靶采集到三维数据中，为后期数据坐标转换与平差做准备。

三维扫描仪参数（Z＋F imager 5010C）　　　　　　表 4-6

型号	测距原理	最大测速（万点/s）	测距范围（m）	视场角（°）	角分辨率（°）	精度（Ymm @Xm）	其他
Z＋F imager 5010C	相位式	101.6	0.3～187.3	H：360；V：320	H：0.0004 V：0.0002	1@50 线性	详细见表 2-4

3. 数据处理

数据处理软件采用 Z＋F LaserControl 和 Geomagic Control 等，前者用于点云数据处理、后者用于偏差分析。将崇礼冬奥会滑雪副场馆钢结构 BIM 设计模型与处理后的点云模型进行对比，如图 4-18 所示。

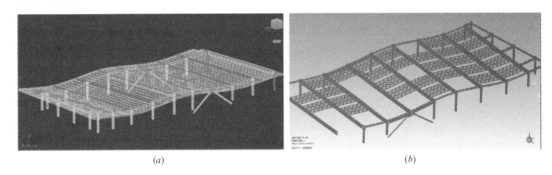

（a）　　　　　　　　　　　　　　　　　　　　（b）

图 4-18　崇礼冬奥会滑雪副场馆钢结构设计与点云模型对比
（a）BIM 设计模型；（b）点云模型

4. 成果及分析

通过 BIM 设计模型与点云模型的对比，得到崇礼冬奥会滑雪副场馆钢结构施工偏差如图 4-19 所示，可直观查看不同位置偏差大小，针对偏差超过设定标准值的位置，对屋

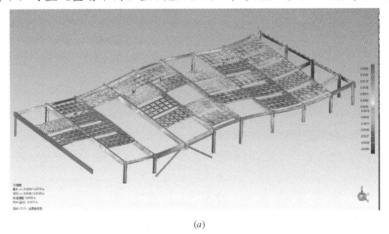

（a）

图 4-19　崇礼冬奥会滑雪副场馆钢结构施工偏差（单位：m）（一）
（a）三维偏差

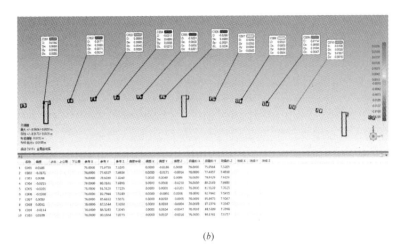

(b)

图 4-19 崇礼冬奥会滑雪副场馆钢结构施工偏差（单位：m）（二）

(b) 剖面偏差

面铺装设计进行调整，同时根据偏差分析结果，修正施工方案，保证屋面异形结构高精度的铺装施工，节省了建筑材料，提高了施工效率。

案例编写人：张世武（上海奥研信息科技有限公司）

王念（上海奥研信息科技有限公司）

【案例 4-5】 河北凤凰谷空间结构

1. 项目概况

河北凤凰谷空间钢结构项目位于河北省承德市滦平县，扫描范围为屋面钢结构，屋面钢结构为飞鸟翅膀形状的异形结构，由于钢结构焊接施工过程发生变形，与设计存在偏差。为此，扫描目的是获得屋顶异形钢结构点云模型，并进行偏差分析，为屋面铺装设计和高精度施工提供基础数据。

2. 数据采集

三维扫描数据采集设备采用 Faro Focus 330 三维激光扫描仪（性能参数见表 4-7）。扫描采用无标靶配准模式。扫描主要流程与地面三维激光扫描流程相同，现场扫描实施如图 4-20 所示。

图 4-20 河北凤凰谷空间钢结构扫描现场

三维扫描仪参数（FARO Focus3D X330）　　表 4-7

型号	测距原理	最大测速 （万点/s）	测距范围 （m）	视场角 （°）	角分辨率 （°）	精度 （Ymm@Xm）	其他
FARO Focus3D X330	相位式	97.6	0.6～330	H：360；V：300	H/V：0.009	2@10（90%）	详细 见表 2-4

3. 数据处理

数据处理软件采用 FARO SCENE 和 Geomagic Control 等，前者用于点云数据处理，后者用于偏差分析。将钢结构 BIM 设计模型与处理后的点云模型进行对比，如图 4-21 所示。

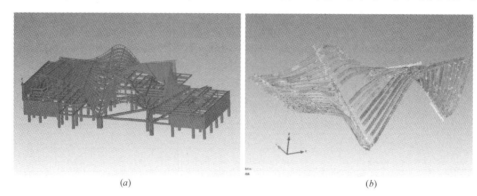

(a)　　　　　　　　　　　　　　　　(b)

图 4-21　河北凤凰谷空间钢结构设计与点云模型对比

（a）BIM 设计模型；（b）点云模型

4. 成果及分析

图 4-22 为河北凤凰谷空间钢结构 BIM 设计模型与点云模型的对比结果，可直观查看

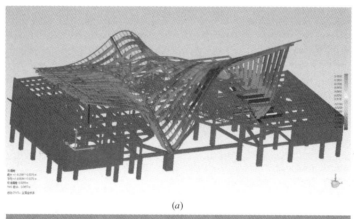

(a)

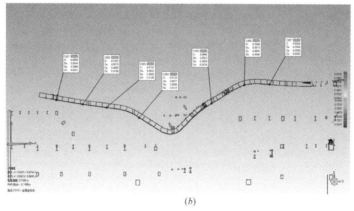

(b)

图 4-22　河北凤凰谷空间钢结构施工偏差（单位：m）

（a）三维偏差；（b）剖面偏差

不同位置钢结构施工偏差大小，正向和负向偏差平均值分别为 0.004m 和 −0.028m。根据偏差分析结果指导屋面异形结构铺装施工，保证了复杂钢结构的施工精度。

案例编写人：张世武（上海奥研信息科技有限公司）

王念（上海奥研信息科技有限公司）

4.3.2 施工期建筑及构件质量检测

【案例4-6】 福建泉州3D打印景观桥

1. 项目概况

福建泉州3D打印景观桥位于福建省泉州市百崎湖生态连绵带内，桥长、宽和高分别为 17.5m、3.2m 和 3.2m，净重 12t。景观桥分成 16 段构件，通过 3D 打印设备在室内打印，然后进行构件组装，之后运至现场进行整体安装。打印装备采用龙门式结构，长为 25m、宽 4m、高为 2.5m，打印精度约 1mm，打印速度为 8kg/h；打印材料采用玻璃纤维增强 ASA（工程塑料），密度为 1200kg/m³，弯曲屈服强度为 50MPa，弹性模量约为 5.5GPa；打印工艺采用熔融沉积。

扫描范围是景观桥打印构件及组装后的景观桥，扫描目的是获取打印景观桥高精度点云模型，用于两端附属结构（有机玻璃结构）的加工，以及进行打印质量检测分析。扫描难点是对异形结构全覆盖扫描。

2. 数据采集

三维扫描数据采集设备采用 Z+F Imager 5010 三维激光扫描仪（性能参数见表4-8）。扫描采用无标靶配准模式。扫描主要流程与地面三维激光扫描流程相同。针对打印构件及组装后景观桥，扫描测站分别布设 6 个和 13 个，扫描现场如图4-23所示。

三维扫描仪参数（Z+F imager 5010）　　　　　　表4-8

型号	测距原理	最大测速（万点/s）	测距范围（m）	视场角（°）	角分辨率（°）	精度（Ymm @Xm）	其他
Z+F imager 5010	相位式	101.6	0.3~187.3	H：360；V：320	H：0.0004；V：0.0002	1@50 线性	详细见表2-4

(a)　　　　　　　　　　　(b)

图4-23 泉州3D打印景观桥扫描现场

（a）打印构件；（b）构件组装

3. 数据处理

数据处理软件采用 Z＋F Laser Control 及 JRC 3D Reconstructor、Geomagic Control 和 Autodesk CAD 等，依次用于点云数据处理、偏差分析和模型重构。将三维扫描数据处理完成后的点云模型与设计模型进行对比，如图 4-24 所示。

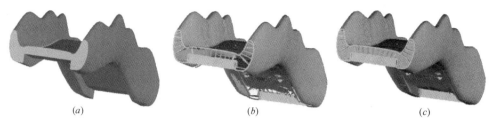

（a）　　　　　　　　　　（b）　　　　　　　　　　（c）

图 4-24　泉州 3D 打印景观桥设计模型与点云模型匹配

（a）设计模型；（b）点云模型；（c）模型对齐

4. 成果及分析

图 4-25 为泉州 3D 打印景观桥的打印施工三维偏差，由图可见，打印构件组装后的正向平均偏差为 41.6mm，负向平均偏差为 12.1mm，最大偏差位于组装桥梁的底部，主要原因在于底部增加了一些增强钢结构，偏差对比过程中设计图中未给出。图 4-26 为打印及组装施工的二维偏差，可看出不同位置的偏差，可直观展示出最大偏差位置及大小，非底部的偏差最大值控制在 20mm 以内。

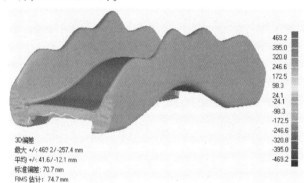

图 4-25　泉州 3D 打印景观桥打印施工三维偏差（单位：mm）

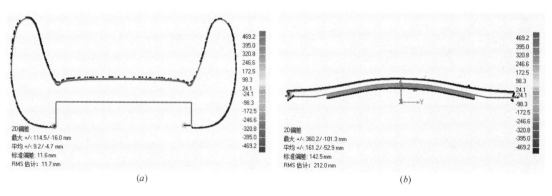

（a）　　　　　　　　　　　　　　　　（b）

图 4-26　泉州 3D 打印景观桥打印施工二维偏差（一）

（a）侧视剖面；（b）正视剖面中部

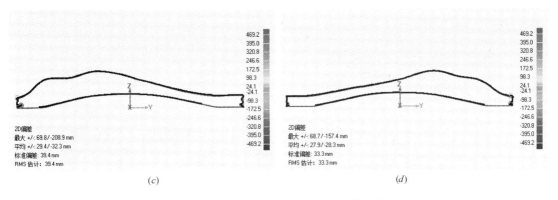

(c)　　　　　　　　　　　　　　　　(d)

图 4-26　泉州 3D 打印景观桥打印施工二维偏差（二）
(c) 正视剖面左侧；(b) 正视剖面右侧

根据点云模型，对两个端部结构进行提取（图 4-27），并进行建模，通过数控机床加工两端有机玻璃附属结构，解决了传统异形结构难以测量和加工的技术问题。

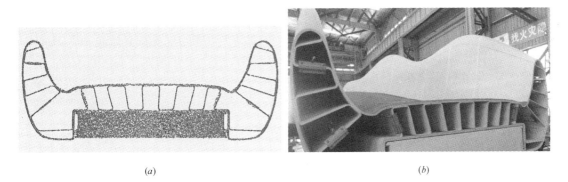

(a)　　　　　　　　　　　　　　　　(b)

图 4-27　泉州 3D 打印景观桥的点云模型及其在端部附属结构加工的应用
(a) 点云模型；(b) 端部附属结构

案例编写人：左自波（上海建工集团股份有限公司）
　　　　　　陈晓明（上海建工机械施工集团有限公司）
　　　　　　陈东（上海建工集团股份有限公司）

【案例 4-7】　上海普陀 3D 打印景观桥

1. 项目概况

上海普陀 3D 打印景观桥位于上海市普陀区桃浦智创城中央公园内，由上海建工机械集团、工程研究总院、园林集团和酷鹰机器人等单位实施。桥长、宽和高分别为 15.3m、3.8m 和 1.2m，景观桥通过 3D 打印设备在室内整体打印，然后现场安装[142]。打印装备采用龙门式结构，长为 25m、宽为 4m、高为 2.5m，打印精度约 1mm，打印速度为 8kg/h；打印材料采用玻璃纤维增强 ASA（工程塑料），密度为 1200kg/m³，弯曲屈服强度为 50MPa，弹性模量约为 5.5GPa；打印工艺采用熔融沉积；打印过程及最终打印完成的桥梁结构如图 4-28 所示。

普陀 3D 打印景观桥建造是超大尺寸的打印过程，在 15.3m 桥梁正式打印前需通过打印缩尺的桥梁验证三维设计模型的正确性，否则容易造成经济损失，为此采用三维扫描质量检测技术检测打印缩尺桥梁的质量，以判断三维设计模型的正确性。

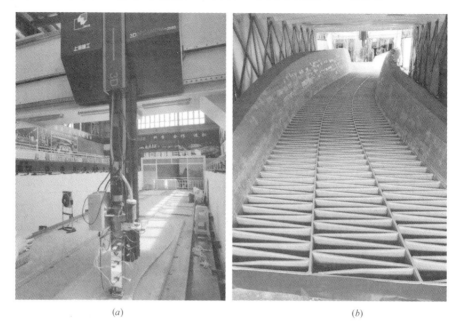

图 4-28　上海普陀 3D 打印景观桥
（a）打印过程；（b）景观桥

2. 数据采集

三维扫描数据采集设备采用 Z+F Imager 5010 三维激光扫描仪（性能参数见表 4-9）。扫描采用无标靶配准模式。扫描主要流程与地面三维激光扫描流程相同。普陀 3D 打印景观桥三维设计模型如图 4-29 所示，开展缩尺打印（1∶50），并进行三维扫描，扫描测站共布设 12 个。

三维扫描仪参数（Z+F imager 5010）　　　　　　　　　　　　表 4-9

型号	测距原理	最大测速（万点/s）	测距范围（m）	视场角（°）	角分辨率（°）	精度（Ymm @Xm）	其他
Z+F imager 5010	相位式	101.6	0.3~187.3	H：360；V：320	H：0.0004；V：0.0002	1@50 线性	详细见表 2-4

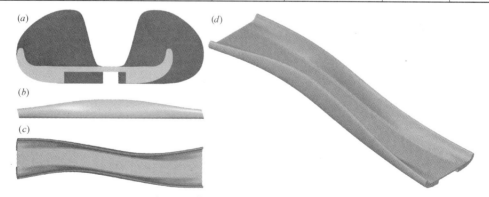

图 4-29　普陀 3D 打印景观桥设计模型

144

3. 数据处理

数据处理软件采用 Z＋F Laser Control、JRC 3D Reconstructor 和 Geomagic Control 等，前两者用于点云数据处理、后者用于偏差分析。

4. 成果及分析

基于三维设计模型，通过树脂 3D 打印设备进行了缩尺打印，得到普陀 3D 打印景观桥缩尺打印结构及点云模型如图 4-30 所示。将点云模型与设计模型进行对比分析，如图 4-31 所示。由图可见，缩尺打印结构无明显缺陷，最大偏差控制在毫米级，因此，三维设计模型是可打印的，通过三维扫描质量检测技术，保证了超大尺寸结构打印的安全，为上海普陀 3D 打印景观桥的顺利实施提供了基础条件。

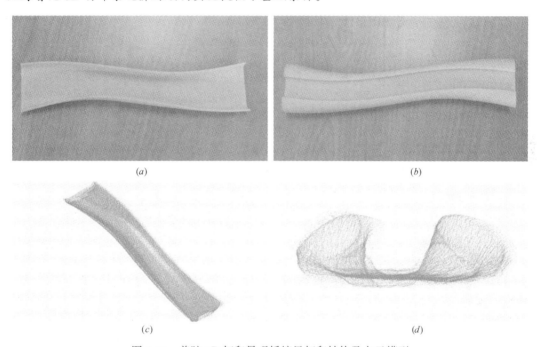

(a)　　　　　　　　　　　　　　　　(b)

(c)　　　　　　　　　　　　　　　　(d)

图 4-30　普陀 3D 打印景观桥缩尺打印结构及点云模型
（a）缩尺打印结构上部；（b）缩尺打印结构下部；（c）缩尺打印结构三维点云；（d）缩尺打印结构侧视图

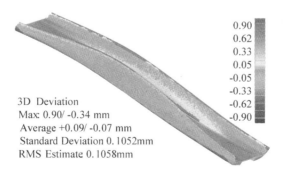

3D Deviation
Max: 0.90/ -0.34 mm
Average +0.09/ -0.07 mm
Standard Deviation 0.1052mm
RMS Estimate 0.1058mm

0.90
0.62
0.33
0.05
-0.05
-0.33
-0.62
-0.90

图 4-31　缩尺打印普陀 3D 打印景观桥三维偏差（单位：mm）

案例编写人：左自波（上海建工集团股份有限公司）
　　　　　陈东（上海建工集团股份有限公司）

4.3.3 施工竣工验收检测

【案例 4-8】 上海瑞金医院质子中心

1. 项目概况

上海瑞金医院质子中心即瑞金医院肿瘤（质子）中心项目，位于上海市嘉定新城。扫描范围为能源中心机房。扫描目的是对施工竣工结构进行检测，检测施工质量。

2. 数据采集

三维扫描数据采集设备采用 Z＋F Imager 5010 三维激光扫描仪（性能参数见表 4-10）。扫描采用有标靶配准模式，标靶采用球形标靶和 A4 纸质标靶结合。扫描测站共布设 14 个。

三维扫描仪参数（Z＋F imager 5010） 表 4-10

型号	测距原理	最大测速（万点/s）	测距范围（m）	视场角（°）	角分辨率（°）	精度（Ymm @Xm）	其他
Z＋F imager 5010	相位式	101.6	0.3～187.3	H：360；V：320	H：0.0004 V：0.0002	1@50 线性	详细见表 2-4

3. 数据处理

数据处理软件采用 Z＋F Laser Control 和 Geomagic Control 等。数据处理流程与常规地面三维激光扫描相同。

4. 成果及分析

将能源中心机电 BIM 设计模型与扫描模型进行对齐匹配，如图 4-32 所示，并进行对比分析，得到能源中心机电施工三维偏差，如图 4-33 所示。由图可见，平均值在 $-0.189\sim 0.154$m 之间，标准偏差为 0.211m，均方根 RMS 估计为 0.218m。

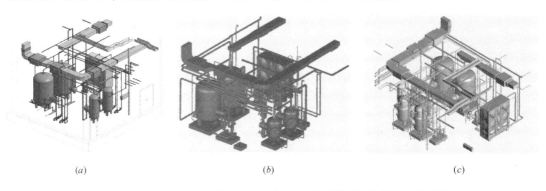

(a)   *(b)*   *(c)*

图 4-32 上海瑞金医院质子中心机电 BIM 设计模型与扫描模型的对比
（a）BIM 模型；（b）扫描模型；（c）模型匹配

将能源中心建筑结构 BIM 设计模型与扫描模型进行对比，如图 4-34 所示，得到能源中心建筑结构施工三维偏差，如图 4-35 所示，平均值在 $-0.052\sim 0.240$m 之间，标准偏差为 0.160m，均方根 RMS 估计为 0.264m。

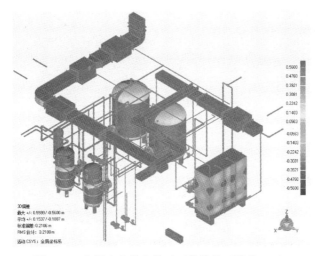

图 4-33　能源中心机电施工三维偏差（单位：m）

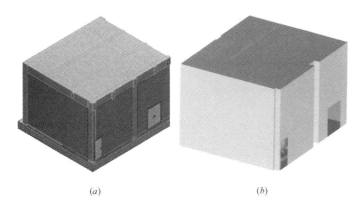

（a）　　　　　　　　　　　　　　（b）

图 4-34　能源中心建筑结构 BIM 设计模型与扫描模型的对比

（a）BIM 模型；（b）扫描模型

图 4-35　能源中心建筑结构施工三维偏差（单位：m）

案例编写人：左自波（上海建工集团股份有限公司）

朱毅敏（上海建工集团股份有限公司）

陈东（上海建工集团股份有限公司）

【案例 4-9】 上海香樟花园

1. 项目概况

上海香樟花园项目扫描范围地下一层（B1）全楼层结构，扫描目的是获得结构复测基础数据，检测施工偏差。扫描难点是地下结构存在大量遮挡。

2. 数据采集

扫描设备采用 Z+F Imager 5010C 三维激光扫描仪（性能参数见表 4-11），地下一层结构扫描布设 46 个测站，平均每测站扫描时间为 3min。

三维扫描仪参数（Z+F Imager 5010C） 表 4-11

型号	测距原理	最大测速（万点/s）	测距范围（m）	视场角（°）	角分辨率（°）	精度（Ymm @Xm）	其他
Z+F Imager 5010C	相位式	101.6	0.3~187.3	H:360;V:320	H:0.0004 V:0.0002	1@50 线性	详细见表 2-4

3. 数据处理

数据处理软件采用 Z+F Laser control、JRC Reconstructor、Geomagic Studio 和 Geomagic Qualify，分别用于点云数据预处理、点云配准、点云模型与 BIM 设计模型配准和施工三维偏差分析。图 4-36 为地下结构数据处理得到的最终点云模型以及其与 BIM 设计模型配准过程。

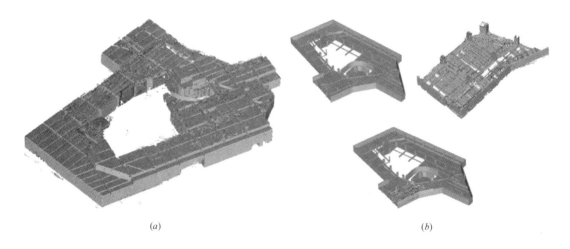

(a)　　　　　　　　　　　　　　　　(b)

图 4-36　上海香樟花园数据处理过程

(a) 点云模型；(b) 点云模型与 BIM 设计模型配准

4. 成果及分析

通过 Geomagic Qualify 软件对点云模型与 BIM 设计模型进行对比分析，得到上海香樟花园地下一层结构施工的三维偏差和二维分析结果，如图 4-37 和图 4-38 所示。由图 4-37 可见，施工的偏差控制在 0.1m 以内；基于三维偏差分析结果，在 B 区选取偏差最大的截面进行分析，结果如图 4-38 (a) 和 (c) 所示，剖面处板、梁底部标高均不超过 0.01m，局部（①区）出现 0.055mm 偏差，与设计偏差较大；在 D 区选取偏差最大的截面进行分析，结果如图 4-38（b）和（d）所示，局部（①区）出现错位，底板标高偏差最大为 0.08m，位于②区。

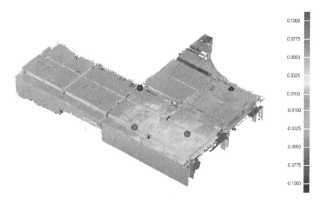

图 4-37　上海香樟花园施工三维偏差分析结果（单位：m）

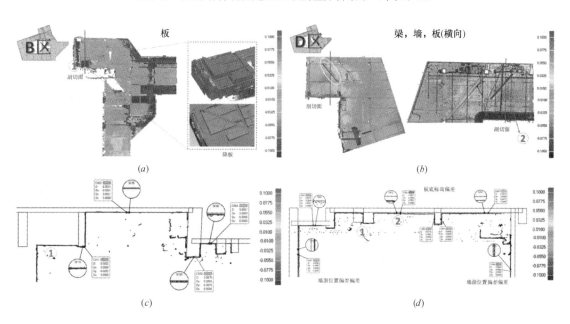

图 4-38　上海香樟花园施工二维偏差分析结果（单位：m）
（a）B区点云；（b）D区点云；（c）B区剖面；（d）D区剖面

案例编写人：张铭（上海建工四建集团有限公司）
仇春华（上海建工四建集团有限公司）

【案例 4-10】 上海轨道交通车站

1. 项目概况

上海某轨道交通车站土建施工结束后，通过三维扫描对车站内侧墙面位置、高程和结构尺寸进行精确采集，生成三维竣工测量成果，并通过与设计数据的对比，分析土建工程的施工质量（结构和预留孔洞的施工质量以及车站净空），为车站后续设备安装、装饰装修等工程提供综合分析和利用的精确数据，并及时查核或调整装饰装修方案。同时根据点云数据建立车站的 BIM 模型，还原车站各类结构的真实尺寸与净空，用于大型设备安装模拟、管线空间优化与合理布留、管线铺设前全方位碰撞检查和项目信息管理等。

2. 数据采集

三维扫描数据采集设备采用 Z＋F Imager 5010C 三维激光扫描仪（性能参数见表 4-12）。扫描采用有标靶配准模式，测站与测站之间布设公共球形标靶，在每 3 站扫描范围内均匀布设靶标纸（≥4 个），通过全站仪测量靶标纸的坐标，直接将扫描仪坐标系下的点云坐标转换到控制坐标系下。扫描主要流程与地面三维激光扫描流程相同。为控制测量精度，在站台层、站厅层均匀布设控制点，控制点和扫描测站可在图纸上进行预设，相邻控制点间距约为 50m；控制点平面坐标采用闭合导线方式，按四等导线测量的要求进行联测；高程采用闭合水准路线方式，按二等水准测量的要求进行联测。车站扫描测站数共计 140 个。

三维扫描仪参数（Z＋F imager 5010C）　　　　表 4-12

型号	测距原理	最大测速（万点/s）	测距范围（m）	视场角（°）	角分辨率（°）	精度（Ymm @Xm）	其他
Z＋F imager 5010C	相位式	101.6	0.3~187.3	H：360；V：320	H：0.0004 V：0.0002	1@50 线性	详细见表 2-4

3. 数据处理

数据处理软件采用 Z＋F Laser Control 和 Geomagic Control 等，前者用于点云数据处理、后者用于偏差分析。点云数据配准流程包括：通过公共靶球将相互独立的扫描数据（一般 3~5 站）拼接至同一个相对坐标系下，得到拼接后的点云数据；从拼接后的点云数据识别 4 个以上的平面靶标纸，并获取其相对坐标，同时根据靶标纸的编号，获取靶标纸的绝对坐标；根据坐标转换公式，求解相对坐标与绝对坐标之间的转换参数；根据坐标转换参数，将拼接后的点云数据转换至绝对坐标系下；重复上述步骤，将所有扫描数据转换至绝对坐标系，完成扫描数据配准。其他数据处理与常规地面式三维激光扫描数据处理相同。数据处理得到的车站点云模型如图 4-39 所示。

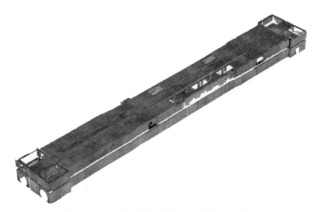

图 4-39　上海某轨道交通车站点云模型

4. 成果及分析

将车站点云模型与 BIM 设计模型进行对比分析，得到不同结构类别车站结构的三维偏差，如图 4-40 所示。由图可见，可直观显示车站实际结构和设计模型间的三维偏差，平均偏差控制在 20mm 以内，提取偏差较大的位置，为车站后期建设提供参考。其中，顶板较大偏差位于 19～20 轴（深色区域），需要重点关注；中板较大偏差位于右端；端部的柱偏差较大，偏差约为 40mm；内衬墙偏差较小，多数控制在 20mm 以内。

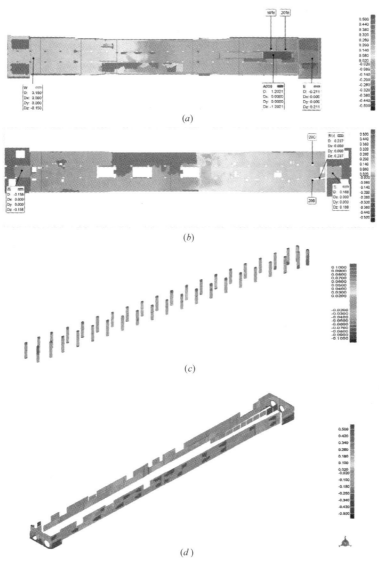

图 4-40 上海某轨道交通车站结构三维偏差（单位：m）
（*a*）顶板；（*b*）中板；（*c*）柱；（*d*）内衬墙

通过特征拟合获取扫描点云中孔洞边界及其尺寸和位置信息，并从 BIM 模型属性信息中获取设计孔洞的相关信息，最后将两种孔洞信息进行比对，得到车站结构孔洞偏差结果，如图 4-41 所示。孔洞偏差结果包括孔洞编号、尺寸偏差（长度偏差、宽度偏差）和平面位置偏差等。其中，孔洞分析侧重于楼梯孔、扶梯孔、给排水等预留孔洞的尺寸与位置偏差，为后期设备和管线安装提供数据指导。

针对车站点云数据分别截取平面和立面点云数据，并与设计模型进行对比分析，得到

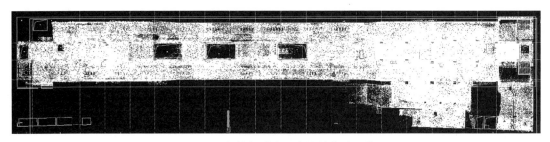

图 4-41　上海某轨道交通车站结构孔洞偏差

车站结构净空分析结果，如图 4-42 所示。由图可分析侧墙间距以及车站顶板、底板标高等数据。

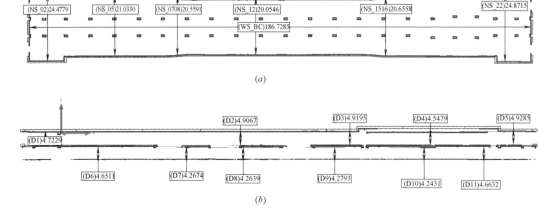

(a)

(b)

图 4-42　上海某轨道交通车站结构净空分析结果

（a）侧墙净空；（b）净高

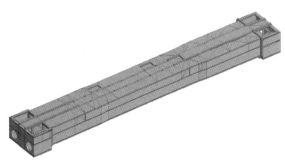

图 4-43　上海某轨道交通车站结构 BIM 模型重构

以扫描点云模型为参照，利用 BIM 平台通过拉伸、融合、旋转、放样、放样融合等命令重新绘制车站各构件"族"模型，并创建相应的参考面和参考线，再根据实际点云数据，基于参考线或参考面进行各构件"族"模型的精确定位，实现车站 BIM 模型的重构，如图 4-43 所示。根据重构的车站 BIM 模型，可获取真实有效的位置和尺度信息，用于模拟后期电梯等设备的安装，避免不必要的返工；并用于机电管线铺设方案对比、空间优化以及全方位的碰撞检查，及时发现并反馈管线与结构间以及各类管线间的碰撞问题，以便进行快速修改，可避免各专业图纸间的不协调，有效减少后期的设计变更及施工返工。

案例编写人：郭春生（上海勘察设计研究院（集团）有限公司）

　　　　　　袁钊（上海勘察设计研究院（集团）有限公司）

4.3.4　预制结构加工质量检测及虚拟拼装

【案例4-11】　上海国家会展中心地下通道

1. 项目概况

上海国家会展中心地下通道，位于虹桥商务区核心区与国家会展中心之间，全长约470m。地下通道划分为东、西两段，矩形盾构隧道位于东段，具体见图4-44。下穿嘉闵高架段采用矩形盾构隧道法施工，盾构段长度为83.95m，隧道内部净空尺寸宽×高为8.65m×3.85m，外部尺寸宽×高为9.75m×4.95m，衬砌厚度为0.55m。衬砌为6分块Q345钢结构（F、LU、LD、RU、RD和D），采用通缝拼装的方式，分标准环，进、出洞环和变形缝后一环4类，管片填充混凝土强度等级C50混凝土。

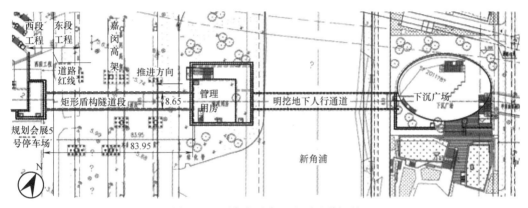

图4-44　国家会展中心地下通道概况

矩形盾构隧道及衬砌具体概况见图4-45所示。扫描范围是对预制衬砌进行扫描，扫描目的是衬砌出厂前通过三维扫描检测加工偏差，同时获得高精衬砌三维模型，进行虚拟拼装（预拼接），检查拼接质量。扫描难点是衬砌的放置及全覆盖扫描。

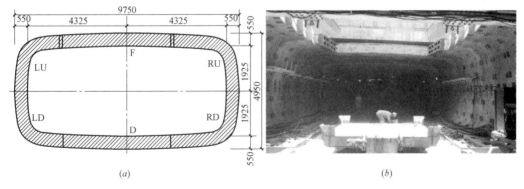

图4-45　矩形盾构隧道衬砌概况
(a) 布设方案；(b) 现场扫描

2. 数据采集

三维扫描数据采集设备采用 Z+F Imager 5010 三维激光扫描仪（性能参数见表4-13）。扫描采用有标靶配准模式，标靶采用球形标靶。扫描主要流程与地面三维激光扫描流程相同。每块衬砌加工完成后，对其进行扫描，扫描方案（以编号 60 衬砌为例）如图 4-46 所示，每环衬砌（6 块，编号为 F60、LU60、LD60、RU60、RD60 和 D60）布设 10 个左右扫描测站，扫描过程确保衬砌全覆盖。

三维扫描仪参数（Z+F imager 5010） 表 4-13

型号	测距原理	最大测速（万点/s）	测距范围（m）	视场角（°）	角分辨率（°）	精度（Ymm @Xm）	其他
Z+F Imager 5010	相位式	101.6	0.3～187.3	H：360；V：320	H：0.0004 V：0.0002	1@50 线性	详细见表 2-4

图 4-46　矩形盾构隧道衬砌扫描方案

3. 数据处理

数据处理软件采用 Z+F Laser Control、Geomagic Control 等，前两者用于点云数据处理、后者用于偏差分析。数据处理完成后得到的矩形盾构隧道单块衬砌点云模型，如图 4-47 所示。

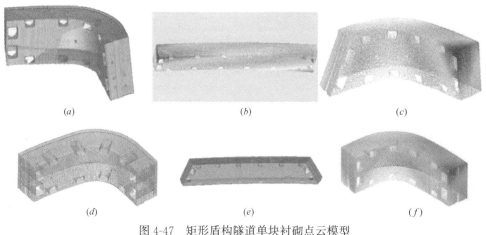

（a）　　　　　　　　　　　（b）　　　　　　　　　　　（c）

（d）　　　　　　　　　　　（e）　　　　　　　　　　　（f）

图 4-47　矩形盾构隧道单块衬砌点云模型
（a）RD60；（b）F60；（c）LD60；（d）LU60；（e）D60；（f）RU60

4. 成果及分析

将数据处理得到的点云模型与设计模型进行对比分析，得到矩形盾构隧道单块衬砌（以 RD60 为例）加工偏差如图 4-48 和图 4-49 所示，正值表示相对于设计模型向外偏移，负值表示相对于设计模型向内偏移。由图可见，单块衬砌的加工误差最大为 8mm，平均值在 1.2～1.9mm 之间，标准偏差为 1.9mm，均方根 RMS 估计为 2.2mm。

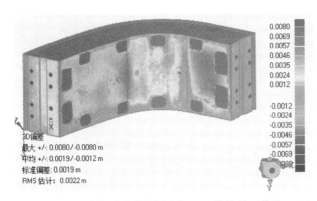

图 4-48　矩形盾构隧道单块衬砌加工三维偏差（单位：m）

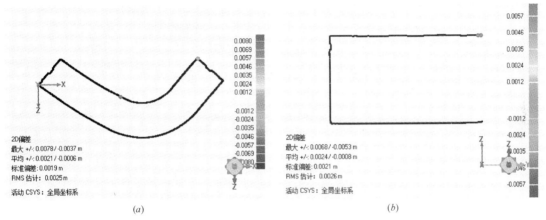

图 4-49　矩形盾构隧道单块衬砌加工二维偏差（单位：m）

（a）平剖；（b）立剖

　　基于点云模型，进行建模，得到矩形盾构隧道单块衬砌三维数字模型，如图 4-50 所示。将单块衬砌进行虚拟拼装（图 4-51），拼装完成后整环衬砌的三维点云和数字模型如图 4-52 所示。

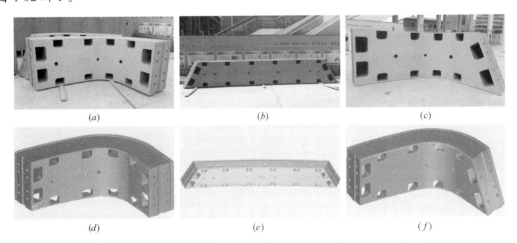

图 4-50　矩形盾构隧道单块衬砌三维数字模型与实体结构的对比

（a）RD60 实体；（b）F60 实体；（c）LU60 实体；（d）RD60 数字模型；（e）F60 数字模型；（f）LU60 数字模型

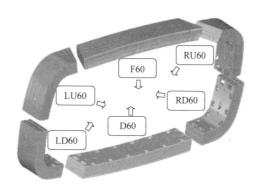

图 4-51　上海国家会展中心地下通道矩形盾构隧道单块衬砌虚拟拼装过程

(a)　　　　　　　　　　　　　　　　　　　　(b)

图 4-52　矩形盾构隧道单块衬砌虚拟拼装完成后整环衬砌

（a）点云模型；（b）数字模型

基于虚拟拼装结果，提取整环衬砌（以 60 为例）内部结构，并与设计模型进行对比（图 4-53），分析结果如图 4-54 所示，由图可见，60 整环管片制作误差最大值为 23.68mm 和 -34mm，平均值在 $-4.7 \sim 9.3$mm 之间，标准偏差为 5.3mm，均方根 RMS 估计为 10.5mm；剖面偏差显示其误差最大值为 29.2mm，位于高度方向。

按照同样的方法，将所得到的整环衬砌与已建矩形盾构隧道扫描结果进行对比（图 4-55），得到不同区段整环衬砌拼装误差检测结果，如图 4-56 所示。由图可见，拼装后隧道管片误差控制在 45mm 以内。

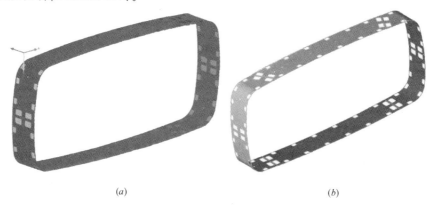

(a)　　　　　　　　　　　　　　　　　　　　(b)

图 4-53　矩形盾构隧道整环衬砌设计与点云模型对比

（a）设计模型；（b）点云模型

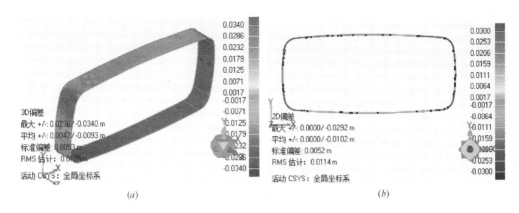

图 4-54 矩形盾构隧道整环衬砌设计模型与点云模型偏差（单位：m）

（a）三维偏差；（b）剖面偏差

图 4-55 矩形盾构隧道整环衬砌虚拟拼装与实体施工扫描结果对比

（a）实际施工扫描结果；（b）虚拟拼装整环衬砌

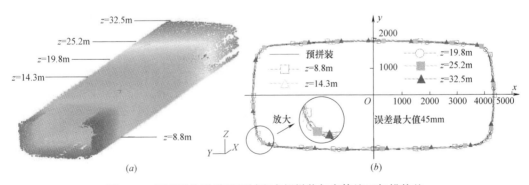

图 4-56 矩形盾构隧道整环衬砌虚拟拼装与实体施工扫描偏差

（a）实际施工扫描点云区段；（b）不同区段偏差分析

采用常规手段测得的整环衬砌拼装误差测量值见表 4-14 和图 4-57 所示。宽度方向最大误差控制在 12mm 以内，高度方向误差控制在 27mm 以内。由此可见，采用三维扫描质量检测结果与常规手段测量结果吻合较好，采用三维扫描能够很好地用于检测预制构件加工质量。

矩形盾构隧道整环衬砌拼装误差测量值（常规手段）　表 4-14

整环管片编号	宽（m）	误差（mm）	高（m）	误差（mm）
30	8.662	12	—	—
31	8.656	6	3.823	−27
32	8.662	12	3.827	−23
33	8.658	8	3.824	−26
34	8.66	10	3.823	−27
35	8.659	9	3.825	−25
36	8.656	6	3.83	−20
37	—	—	3.83	−20
38	8.651	1	3.84	−10
39	8.645	−5	3.851	1
40	8.654	4	3.831	−19
41	8.656	6	3.83	−20
42	8.652	2	3.835	−15
43	8.654	4	3.833	−17
44	8.652	2	3.831	−19
45	8.646	−4	3.837	−13
47	8.648	−2	3.845	−5
48	8.646	−4	3.856	6

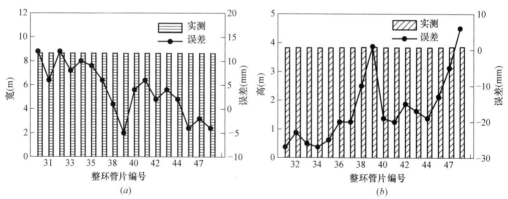

图 4-57　矩形盾构隧道整环衬砌拼装误差分析
（a）宽度方向；（b）高度方向

案例编写人：左自波（上海建工集团股份有限公司）

　　　　　　程子聪（上海建工集团股份有限公司）

【案例 4-12】 上海浦星公路钢桥梁

1. 项目概况

　　上海浦星公路钢桥梁为大芦线航道整治二期工程（闵行浦江段）跨航道桥梁 3 标项

目，位于上海市闵行区浦星公路。主桥跨径为230m提篮式钢结构下承系杆拱桥，钢结构总重量7400t，钢结构桥梁采用构件工厂加工，再进行现场拼装的施工方式。吊装采用600t浮吊施工，先梁后拱，单个构件最大为253t。

大吨位钢结构高空吊装拼装施工面临技术挑战，若单个钢构件加工偏差较大，吊装后现场无法完成拼装造成返工，同时钢构件拼装过程引起自身变形，也增大了拼装的难度。为此，扫描目的是钢构件出厂前通过三维扫描检测加工偏差，同时获得高精度钢构件三维模型，进行虚拟拼装（预拼接），检查拼接质量，为现场拼装临时支撑的加工和施工方案的制定提供精确数据。扫描范围是32段钢构件（左右对称的下承系杆拱2部分，每部分包括连接结构2段、拱形结构8段、直形结构6段），如图4-58所示。扫描难点是工厂狭小空间对大型构件扫描。

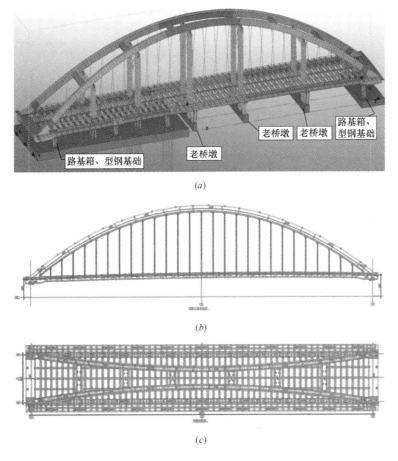

(a)

(b)

(c)

图 4-58　上海浦星公路钢桥梁扫描范围

(a) 三维模型；(b) 侧视设计图；(c) 俯视设计图

2. 数据采集

三维扫描数据采集设备采用 Z＋F Imager 5010 三维激光扫描仪（性能参数见表 4-15）。扫描采用无标靶配准模式。扫描主要流程与地面三维激光扫描流程相同。钢构件加工完成后，对每段钢构件进行环绕扫描，扫描方案如图 4-59 所示，每段钢构件设置

6～10个扫描测站，扫描过程，保证拼接端面外轮廓的全覆盖。

三维扫描仪参数（Z+F imager 5010）　　　　　　　　　　表 4-15

型号	测距原理	最大测速（万点/s）	测距范围（m）	视场角（°）	角分辨率（°）	精度（Ymm @Xm）	其他
Z+F Imager 5010	相位式	101.6	0.3～187.3	H：360 V：320	H：0.0004 V：0.0002	1@50 线性	详细见表 2-4

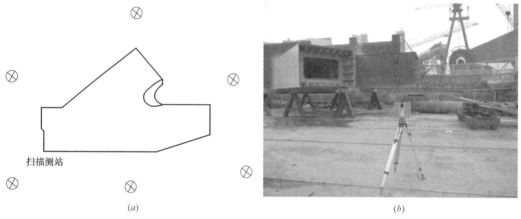

(a)　　　　　　　　　　　　　　　(b)

图 4-59　上海浦星公路钢桥梁钢构件扫描方案

(a) 布设方案；(b) 现场扫描

3. 数据处理

数据处理软件采用 Z+F Laser Control、JRC 3D Reconstructor 和 Geomagic Control 等，前两者用于点云数据处理、后者用于偏差分析。数据处理完成后将钢构件设计模型与处理后的点云模型进行对比，如图 4-60 所示。

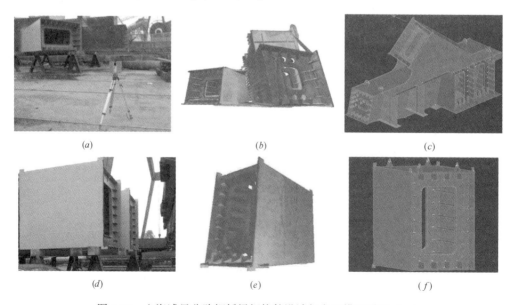

(a)　　　　　　　　　(b)　　　　　　　　　(c)

(d)　　　　　　　　　(e)　　　　　　　　　(f)

图 4-60　上海浦星公路钢桥梁钢构件设计与点云模型对比（一）

(a) GJA1 现场实景；(b) GJA1 点云模型；(c) GJA1 设计模型；

(d) C1 现场实景；(e) C1 点云模型；(f) C1 设计模型

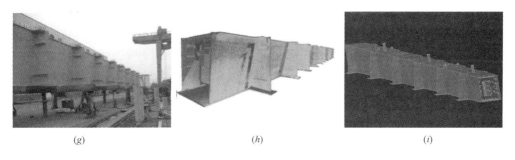

(g) (h) (i)

图 4-60 上海浦星公路钢桥梁钢构件设计与点云模型对比（二）

(g) XLA1 现场实景；(h) XLA1 点云模型；(i) XLA1 设计模型

4. 成果及分析

图 4-61 为上海浦星公路钢桥梁钢构件加工三维偏差，偏差单位为 mm，正值表示相对于设计模型向外偏移，负值表示相对于设计模型向内偏移。由于钢构件拼接控制点主要由钢构件拼接面外边缘确定，其他钢构件内部加工偏差非主控因素，由图可见，除合拢段钢构件外（图中未给出），其他钢构件拼接面的最大误差在 20mm 以内，拱形合拢段（ZGA4、ZGB4）、直形合拢段（XLA4）的端部偏差为 55~65mm，其原因在于加工方案中，考虑拼装施工误差，预留 50mm 调节尺寸，以控制拼接施工。

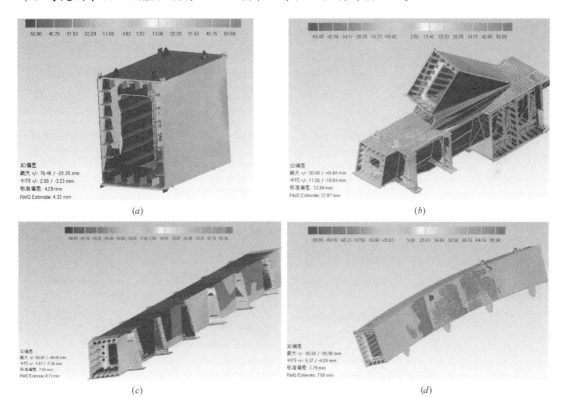

(a) (b)

(c) (d)

图 4-61 上海浦星公路钢桥梁钢构件加工偏差（单位：mm）

(a) C1；(b) GJA1；(c) XLA1；(d) ZGA1

　　由于浦星公路钢桥梁下承系杆拱为对称结构，选取其中一个杆拱进行虚拟拼装，依次拼装直形段 XLA1～XLA3、XLA5～XLA6、拱形段 C1、C2、ZGA1～ZGA3、ZGA5～ZGA6，连接段 GJA1、GJA2，以及合拢段 ZGA4 和 XLA4 点云模型，合拢段左侧扣除50mm 加工预放长度，可实现钢构件的正常拼装，拼装结果如图 4-62 所示。根据三维扫描结果，对现场拼装施工临时支撑的加工提供精确数据，最终拼装完成后的现场图如图4-63 所示。

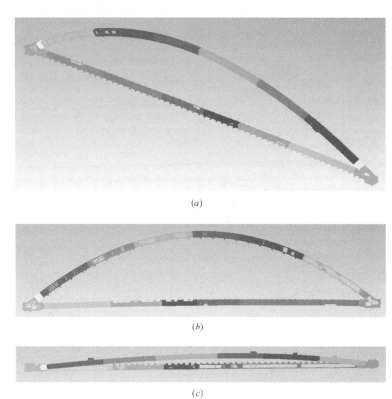

(*a*)

(*b*)

(*c*)

图 4-62　上海浦星公路钢桥梁虚拟拼装结果

(*a*) 三维视图；(*b*) 正视图；(*c*) 俯视图

(*a*)　　　　　　　　　　　　　　　　(*b*)

图 4-63　上海浦星公路钢桥梁现场拼装效果

(*a*) 正视图；(*b*) 侧视图

案例编写人：左自波（上海建工集团股份有限公司）
　　　　　　黄玉林（上海建工集团股份有限公司）
　　　　　　陈东（上海建工集团股份有限公司）

【案例4-13】　上海高架桥箱梁虚拟拼装项目

1. 项目概况

上海高架桥箱梁虚拟拼装项目，位于上海市浦东新区，扫描范围是对预制箱梁进行扫描，扫描目的是箱梁出厂前通过三维扫描检测加工偏差，同时获得高精箱梁三维模型，进行虚拟拼装（预拼接），检查拼接质量。

2. 数据采集

三维扫描数据采集设备采用 Z＋F Imager 5010 三维激光扫描仪（性能参数见表4-16）。扫描采用无标靶配准模式。扫描主要流程与地面三维激光扫描流程相同。每对箱梁共布设6个左右测站，扫描过程确保拼装断面全覆盖。

三维扫描仪参数（Z＋F imager 5010）　　　　　　表4-16

型号	测距原理	最大测速（万点/s）	测距范围（m）	视场角（°）	角分辨率（°）	精度（Ymm @Xm）	其他
Z＋F Imager 5010	相位式	101.6	0.3～187.3	H：360 V：320	H：0.0004 V：0.0002	1@50 线性	详细见表2-4

3. 数据处理

数据处理软件采用 Z＋F Laser Control、JRC 3D Reconstructor 和 Geomagic Control 等，前两者用于点云数据处理、后者用于偏差分析。数据处理完成后得到的箱梁点云模型，如图4-64所示。

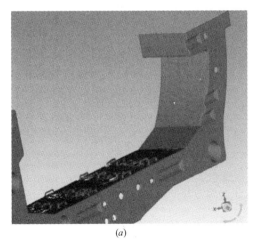
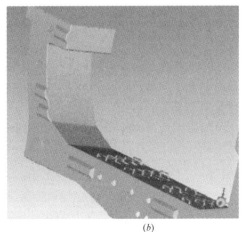

(a)　　　　　　　　　　　(b)

图4-64　上海高架桥箱梁点云模型
（a）箱梁凹面；（b）箱梁凸面

4. 成果及分析

将数据处理得到的凸箱梁点云模型与凹箱梁进行虚拟拼装，如图4-65所示，并进行拼装精度分析，分析结果如图4-66所示。由图可见，单块衬砌的加工误差最大为20mm，

163

位于局部边缘，平均值在 $1.0\sim1.5$mm 之间，标准偏差为 2.2mm，均方根 RMS 估计为 2.2mm，抗剪连接件附近误差在 ±4mm 以内。

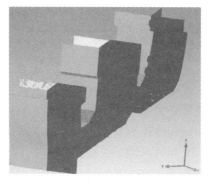

图 4-65　高架桥凸凹箱梁虚拟拼装过程

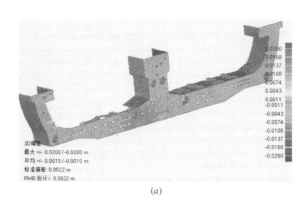

(a)

 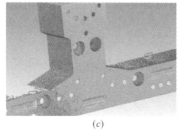 

(b)　　　　　　　　　　(c)　　　　　　　　　　(d)

图 4-66　高架桥凸凹箱梁虚拟拼装偏差分析（单位：m）

(a) 三维偏差；(b) 左侧偏差放大；(c) 中部偏差放大；(d) 右侧偏差放大

案例编写人：左自波（上海建工集团股份有限公司）
陈东（上海建工集团股份有限公司）
李鑫奎（上海建工集团股份有限公司）

4.3.5　运营期损伤检测及维护管理

【案例 4-14】　城市街道三维变化检测试验项目

1. 项目概况

城市街道三维变化检测试验项目[20]，为城市基础设施损伤检测试验验证项目，扫描范围是对 2 万 m^2 城市街道设施进行扫描,包括灯杆,广告牌,车棚,停车栏杆,建筑物外墙和灌木丛等代表性设施,扫描目的验证三维扫描用于三维街道场景数据更新、复杂城市基础设施管理及损伤检测的可行性。

扫描和数据获取的难点包括:(1)界面物体几何复杂程度高,在三维扫描和图片快速获取过程中,容易造成大面积遮挡,导致产生误检测(本无变化,但是却检测出变化);(2)在实际数据扫描过程中,街道车辆行人等因素的影响也可能使最后扫描的结果中包含运动物体,从而导致误检测,因此对数据获取时间有严格要求,以减少在高峰期干扰物体的影响;(3)为了减少扫描检测成本,该项目仅在初期采用车载激光扫描,而在之后的数据获取中,采用视频或高清相机等摄影测量技术来进行数据采集;(4)由于基于图片的方法产生的点云,在相同情况下,点云精度一般会低于激光点云,因此对于两种数据源精度不确定性的处理,也是该项目的难点之一。

2. 数据采集

三维扫描数据采集设备采用 Riegl VMX 250 移动式三维激光扫描仪(性能参数见表 4-17)、富士 F500EXR 及尼康 D7000 相机。扫描点云密度为 200~500 点/m^2;拍照距目标物体的距离为 10~30m,重叠为 70%~80%。地理参考采用 Apero 软件[20] 在点云上手动选择控制点。相机每次拍照采集数据的总控制点数量控制在 5 个以内,以减少对人工工作的依赖。

三维扫描仪参数(Riegl VMX 250)　　　　　　表 4-17

型号	测距原理	测量频率 (kHz)	最大测速 (万点/s)	测距范围 (m)	视场角 (°)	角分辨率 (°)	精度 (mm)
Riegl VMX 250	脉冲式	最小 100/ 最大 600	60	1.5~500	H:80;V:65	H/V:0.005	10

3. 数据处理

数据处理主要流程如图 4-67 所示,具体包括[20]:对三维扫描点云数据进行处理和分类;将拍摄后一时期地面图像或移动地图图像与点云配准,并将点云在经过深度缓存(Z-buffer)的方式处理后,投影到图像上,进行图片三维点的二维三角网格化,从而将激光点云在每张图片的视角方向进行深度插值;深度插值后的图片将作为投影基准,将相邻近的图片对其进行纠正,用来检查点云和立体图像之间的几何一致性;最后,在考虑颜色、深度、类别及超像素等信息的情况对图像用图割方法进行分割优化,计算图像空间改变的区域;这些图像空间的改变区域,将通过变化程度进行排序,方便监测项目实施者快速获取信息。

4. 成果及分析

将上述提出的数据处理技术应用于项目中,可以得到城市街道三维变化检测试验结果,如图 4-68 和图 4-69 所示。由图 4-68 可见,在检测期间拆除了广告牌和停栏杆等物品,并建造了新的种植区域,由图可直观检测街道设施的变化,由此可见三维扫描可用于城市损伤检测和运维管理。同时根据三维扫描数据,可用于三维街道场景数据更新。

由图 4-69 可见,正在维修的公交站上的警示牌、维修车辆,以及一些微小的警示网,被检测出。因此该方法还可以应用于城市施工监测,以及应急响应等。同时图 4-69 中也显示了该方法的误检测(深色标识区域),这些误检测多数发生在几何复杂和微小的变化,

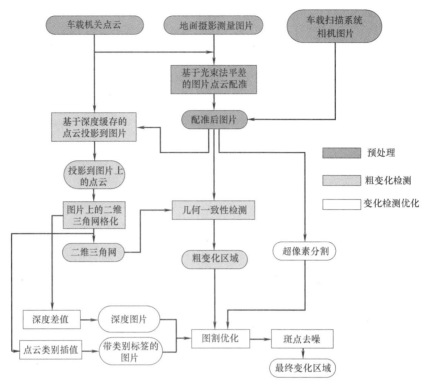

图 4-67　城市街道三维变化检测方法流程图[20]

(a)　　　　　　　　　　　　(b)

(c)　　　　　　　　　　　　(d)

图 4-68　城市街道三维变化检测试验结果一[20]（一）

（a）街道场景照片；（b）点云模型；（c）三维变化处理；（d）三维变化优化

(e)　　　　　　　　　　　　　(f)

图 4-68　城市街道三维变化检测试验结果一[20]（二）

(e) 三维变化；(f) 局部三维变化放大

(a)　　　　　　　　　　　　　(b)

(c)　　　　　　　　　　　　　(d)

图 4-69　城市街道三维变化检测试验结果二[20]

(a) 街道场景照片；(b) 点云模型；(e) 三维变化 1；(d) 三维变化 2

例如施工网及树叶的变化，这些误检测可以通过一些识别方法，进一步处理使其消除。

通过以上测试可以看出，三维激光扫描与图片结合的方法，可在城市街道变化检测中得到应用。该方法可以快速对市政建设中损伤破坏、违章进行检测，极大的减少人工成本。同时该方法还可用于城市模型更新。文献［20］中对该方法的参数稳定性进行了评估，说明了该方法可采用一套固定参数应对不同对象变化的检测任务，具有较强的适应性。

案例编写人： Rongjun Qin（The Ohio State University）
蔡建国（东南大学）

思考

1. 简述三维扫描质量检测的要点。
2. 简述三维扫描质量检测应用注意事项。
3. 简述三维扫描质量检测的应用场景。

第 5 章

三维扫描变形监测技术

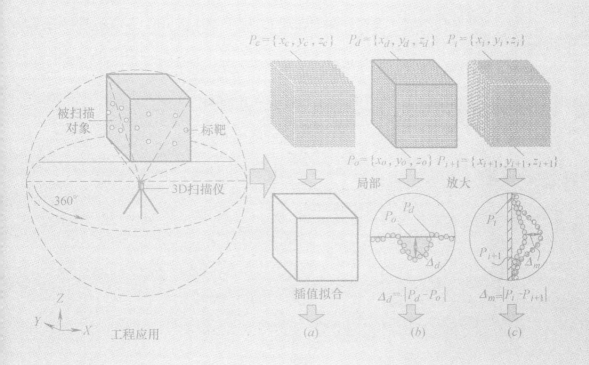

5.1 概述

三维扫描变形监测技术,改变了传统单点监测效率低、预测可靠度不高且无法真实反映结构安全状态等问题。本章主要介绍三维扫描变形监测技术基本原理、应用注意事项和工程应用案例。

本章重点:

- 变形监测基本原理
- 变形监测应用注意事项
- 施工期三维变形监测
- 运营期三维变形监测
- 非建筑类三维变形监测及安全预测
- 大型科学试验变形监测

5.2 变形监测基本原理

5.2.1 变形监测关键技术

三维扫描变形监测是通过依次持续变化的三维点云数据比较分析,测得被扫描对象变化的技术。其主要流程如图 5-1 所示。

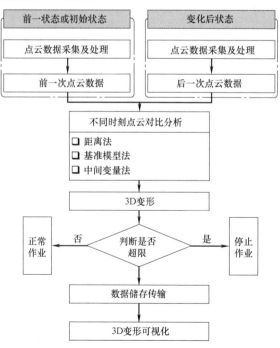

图 5-1 三维扫描变形监测基本流程

由变形测量原理可见，采用三维激光扫描技术进行变形监测，由于点云数据本身没有规律和拓扑关系，在无规律点云数据中寻找同名点比较困难；同时由于激光的发散性，即使激光光束落在同一点，激光光斑内任意一点都有可能被记录，返回后所记录的坐标点未必相同，因此，不能直接获取扫描对象的变化（变形）$\boldsymbol{\Delta}_m$。

通常可采用拟合法和重心法计算 $\boldsymbol{\Delta}_m$。拟合法主要适合于处理球体类或圆形面的变形监测对象的点云，重心法主要处理不规则监测对象的点云[36]。采用拟合法监测对象由人工布设，通过拟合球体的球心或圆形面圆心作为变形监测点；采用重心法监测对象可以是人工布设或自然对象，特别地，大量自然对象都有一个平面，可以充分利用平面法向量一致性的特性选择有效扫描点。

$\boldsymbol{\Delta}_m$ 实际计算中，$\boldsymbol{P}_i$ 划分为若干可拟合的平面点集，可定义为沿着给定的位置序列，并以切向为法矢构建一平面族 τ，计算 $\boldsymbol{P}_i$（若干平面）与平面族中任意一平面 E 上的轮廓线。即确定 $\boldsymbol{P}_i$ 的最优平面 E_{opt}，则 $\boldsymbol{P}_{i+1}$ 到的 E_{opt} 距离为 $\boldsymbol{\Delta}_m$，具体实施步骤[29] 如下。

（1）计算 $\boldsymbol{P}_i$ 内的点与平面 E 的关系，由式（5-1）确定：

$$\xi = n\boldsymbol{P}_i q \tag{5-1}$$

式中，n 为 E 的法向量；$\boldsymbol{P}_i$ 的任一点与 E 内点的连线所组成的向量；q 为平面 E 内的点；若 $\xi = 0$，表示点在平面 E 上，否则，则在平面 E 外。

（2）平面 E 两侧快速搜索点 $\boldsymbol{P}_i$，使两者平面距离相等。

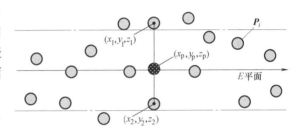

图 5-2 点云数据最优平面

（3）假定两侧任一点分别为（x_1，y_1，z_1）和（x_2，y_2，z_2），计算两侧 $\boldsymbol{P}_i$ 连线与平面 E 的交点 I（x_{p}，y_{p}，z_{p}），由式（5-2）计算：

$$\frac{x_{\mathrm{p}}-x_1}{x_1-x_2} = \frac{y_{\mathrm{p}}-y_1}{y_1-y_2} = \frac{z_{\mathrm{p}}-z_1}{z_1-z_2}, \ z_{\mathrm{p}}=0 \tag{5-2}$$

重复（2）和（3）可得到平面 $E_{\mathrm{opt}}(Ax+By+Cz+D=0)$，则 $\boldsymbol{\Delta}_m$ 由式（5-3）确定：

$$\boldsymbol{\Delta}_m = \frac{|Ax_{i+1}+By_{i+1}+Cz_{i+1}+D|}{\sqrt{A^2+B^2+C^2}} \tag{5-3}$$

5.2.2 变形监测应用注意事项

三维扫描变形监测是对监测对象的形状或位置随时间变化的特征信息，根据变形监测的原理，广义变形包括变形、位移、沉降、收敛、倾斜、挠度、裂缝等。通过比较持续变化的三维点云数据，得到被扫描对象的变化。因此，变形监测实际应用中除了满足测量重构、质量检测的注意事项，还需要考虑以下事项：

（1）不同时刻点云数据采集。标靶及测站，变形监测优先考虑标靶的配准模式，其次再考虑无标靶的配准模式，无标靶配准需布设控制点；变形监测中测站位置、控制点的位置不能变动；为了减少变形监测的误差，应尽量减少测站，单个测站固定扫描为最佳，从而降低拼接带来的误差；对于多个测站测量，需布设基准网和基准点。点云数据采集，不同时期扫描采集数据，应保证仪器设置参数相同，软件计算方法一致，同时应考虑外部环境、施工行为等因素的影响；当被扫描物体（如滑坡）变形，使得测站产生变化，应结合变形测量的对象、特征、和现场条件以及精度选择合适的测量方法；变形是不可逆的，每次扫描需要确保扫描的准确性；变形监测需要采用传统监测手段验证适用性。

（2）不同时刻的点云数据对比分析。变形计算方法，对于点云点数数量极少，变形较小，可采用距离法，追溯点云变化，通过不同时刻点与点之间的距离变化计算偏差。对于大变形，通过计算不同时刻点与点之间距离计算变形的方法不再适用，应用最为广泛的方法是基准模型法，即被测对象变形前对其扫描获取点云数据，并通过模型重构建立模型。作为基准模型，之后不同时刻扫描得到的点云数据与基准模型进行对比分析，得到变形。但该方法对扫描对象类型有限制，一些扫描对象和环境模型重构偏差较大。最后一种方法是中间变量法，即基于中间参考对象模型，扫描获取的不同时刻点云均与参考对象模型进行比较，得到相对变形。变形计算误差，实际计算出的变形 Δ_D 包括扫描误差 Δ_{de}、配准误差 Δ_{dr}、拟合误差 Δ_{df}、对齐误差 Δ_{da} 和变形 Δ_d，见式（5-4），因此，变形监测中不仅要考虑第 2、3 章中扫描误差、配准误差及拟合误差的控制，同时要考虑对齐误差、计算拟合误差。变形计算方法应用，对于圆柱状构件，建议采用无标记点的拟合模型法计算变形；对于变形计算难度较大，可以采用标记通过观测点云坐标的变化测量变形；针对网架结构的变形，可通过球形节点坐标的变化来计算变形。

$$\Delta_D = \Delta_{de} + \Delta_{dr} + \Delta_{df} + \Delta_{da} + \Delta_d \tag{5-4}$$

（3）三维扫描变形监测技术的适用性。根据式（5-4）可见，由于变形监测引起的误差因素较多，基于三维扫描的变形监测结果与实测往往存在较大的偏差，总体而言，该技术的应用尚处于探索阶段，有必要进一步研究。

5.3 工程应用案例

5.3.1 施工期三维变形监测

【案例 5-1】 上海西藏路电力隧道

1. 项目概况

上海西藏路电力隧道施工采用顶管法，混凝土衬砌管节内径为 2.7m，单个衬砌宽为 2m。扫描隧道长度为 134m，共 67 个管节[27]。扫描目的为获取施工期隧道的相对变形，扫描难点在于获取超长线状结构（直径远远小于距离）的整体数据。

2. 数据采集

三维扫描数据采集设备采用 Leica ScanStation C10 三维激光扫描仪（性能参数见表 5-1）和 Leica TS30 全站仪，前者用于获取点云数据、后者用于扫描仪的标定。扫描仪使用前进行了标定试验，试验结果如图 5-3 所示，由图可见，采用扫描仪与全站仪测得的单个管节相对变形相差在 2mm 以内。扫描采用有标靶的拼接模式，标靶布置如图 5-4 所示。扫描共设置测站 20 个，测站间距为 6m，扫描过程分辨率设定为"低"、点云密度为 1m 处的间距为 2mm。

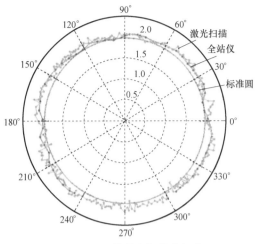

图 5-3　三维激光扫描仪标定

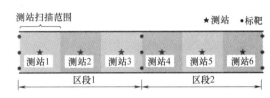

图 5-4　上海西藏路电力隧道标靶布置

三维扫描仪参数（Leica ScanStation C10）　　　　　　　　　表 5-1

型号	测距原理	最大测速（万点/s）	测距范围（m）	视场角（°）	角分辨率（°）	精度（Ymm@Xm）	激光等级	激光波长（nm）	激光束直径（Ymm@Xm）	重量（kg）	内置相机（万像素）	配套软件
Leica ScanStation C10	脉冲式	5	0.1～300	H：360 V：270	H/V：0.0167	4	3R	532	4.5mm @50m	13	400	Cyclone

3. 数据处理

数据处理软件采用 Cyclone 和 Matlab 等，前者用于点云数据处理、后者用于变形监测分析。点云数据处理与常规地面三维激光扫描数据处理相同，数据处理得到的上海西藏路电力隧道点云模型如图 5-5 所示。

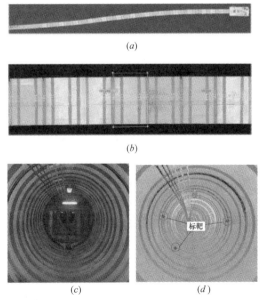

图 5-5　上海西藏路电力隧道点云模型

（a）整体；（b）局部；（c）隧道内部；（d）内部点云

4. 成果及分析

对比上海西藏路电力隧道不同时期点云数据，通过隧道轴线提取、坐标变换及投影、降噪及平差、三维建模及变形分析等步骤，得到隧道径向变形云图和不同断面变形图，如图 5-6 所示。由图可见，顶管隧道施工期变形在 5mm 以内。

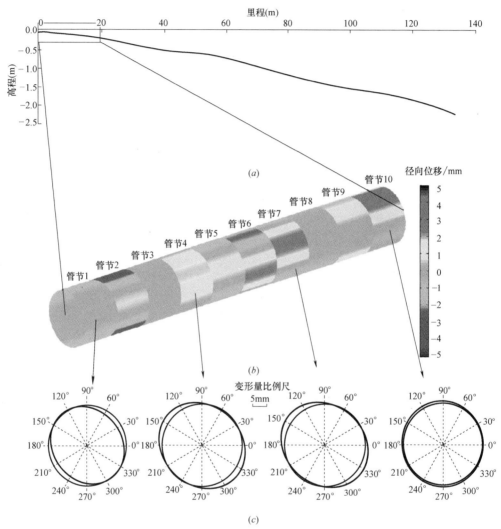

图 5-6 上海西藏路电力隧道变形[27]

(a) 纵断面图；(b) 径向位移云图；(c) 管节的横断面变形图

案例编写人：谢雄耀（同济大学）

【案例 5-2】 上海国家会展中心地下通道

1. 项目概况

上海国家会展中心地下通道，下穿嘉闵高架采用矩形盾构隧道施工法，盾构段长度为 83.95m。扫描范围是施工期矩形盾构隧道内部结构，扫描目的是通过扫描不同施工期隧道内部结构，进行对比分析，得到施工引起的已建矩形盾构隧道变形。扫描难点是不同施工期三维扫描，需保证控制点保持不变。

2. 数据采集

三维扫描数据采集设备采用 Z+F Imager 5010 三维激光扫描仪（性能参数见表 5-2）。扫描采用有标靶配准模式。图 5-7 为矩形盾构隧道扫描方案，共布设扫描测站 3 个、球形标靶 5 个，通过 3 个测站扫描使得隧道全覆盖。

三维扫描仪参数（Z+F imager 5010）　　　　　　　　　　　表 5-2

型号	测距原理	最大测速 （万点/s）	测距范围 （m）	视场角 （°）	角分辨率 （°）	精度 （Ymm@Xm）	其他
Z+F Imager 5010	相位式	101.6	0.3～ 187.3	H：360 V：320	H：0.0004 V：0.0002	1@50 线性	详细见 表 2-4

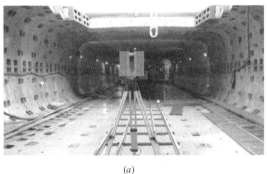

(a)　　　　　　　　　　　　　　　　　(b)

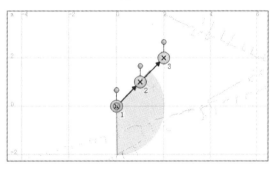

(c)　　　　　　　　　　　　　　　　　(d)

图 5-7　矩形盾构隧道扫描方案
(a) 第1测站；(b) 第2测站；(c) 第3测站；(d) 测站位置

3. 数据处理

数据处理软件采用 Z+F Laser Control、Geomagic Control 等，前两者用于点云数据处理、后者用于变形分析。以 2016.09.26 和 2016.09.30 扫描结果为例，阐述隧道变形监测情况，数据处理完成后得到不同施工期点云数据，如图 5-8 所示。

4. 成果及分析

将前一次（2016.09.26）隧道点云数据拟合成三维数字模型，与后一次（2016.09.30）隧道点云数据对比，如图 5-9 所示，并进行计算分析，得到矩形盾构隧道变形如图 5-10 所示。由图可见，最大变形为 25mm，最小变形 10mm，位于掘进断面处。

(a)   (b)

图 5-8　不同施工期矩形盾构隧道点云数据

(a) 2016.09.26；(b) 2016.09.30

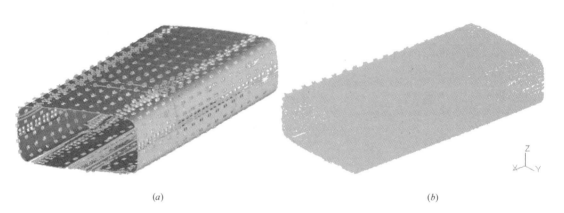

(a)   (b)

图 5-9　不同施工期矩形盾构隧道点云数据对比

(a) 2016.09.26 数字模型；(b) 2016.09.30 隧道点云数据

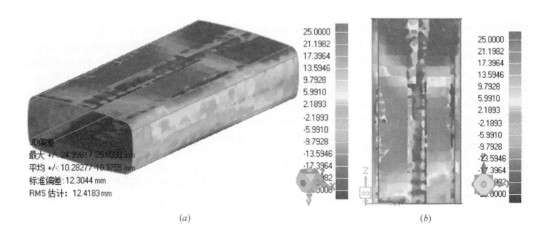

(a)   (b)

图 5-10　上海国家会展中心地下通道矩形盾构隧道变形

(a) 三维视图；(b) 俯视图

基于三维扫描的变形监测结果与实测相比偏大，主要原因是不同施工期扫描测站移动、多站点云拼接、点云拟合建模、施工期点云匹配、参考点变动等产生的误差。尽管采用三维扫描变形监测技术测得的矩形盾构隧道变形与传统手段测量的变形偏差较大，但相关方法解决了传统单点监测效率低、无法真实反映结构三维变化的问题。相关技术为大范围三维变形监测提供了基础数据。

案例编写人：左自波（上海建工集团股份有限公司）

　　　　　　程子聪（上海建工集团股份有限公司）

5.3.2　运营期三维变形监测

【案例5-3】　西安唐含光门遗址

1. 项目概况

西安唐含光门遗址为唐长安城皇城南墙偏西一处城门，最早建于隋文帝开皇二年，扫描面积约 $900\mathrm{m}^2$，扫描目的是对城门遗址进行扫描获取数字模型、进行存档，对比不同时期扫描结果，监测城门结构的变形情况，并分析风化程度。扫描难点是获取带有细部裂纹纹理的大面积城门结构数据。

2. 数据采集

三维扫描数据采集设备采用 FARO Focus3D X330 三维激光扫描仪（性能参数见表5-3）。扫描分辨率设定为1/4、点云密度为10m处的间距为6mm，扫描及拍照时间设定为7min。扫描测站共设置28个，如图5-11所示。

图5-11　西安唐含光门遗址扫描测站布置

三维扫描仪参数（FARO Focus3D X330）　　　　　　　　　　表5-3

型号	测距原理	最大测速（万点/s）	测距范围（m）	视场角（°）	角分辨率（°）	精度（Ymm@Xm）	其他
FARO Focus3D X330	相位式	97.6	0.6～330	H：360 V：300	H/V：0.009	2@10(90%)	详细见表2-4

3. 数据处理

数据处理软件采用 FARO SCENE 和 Geomagic Control 等，前者用于点云数据处理、后者用于变形监测分析。点云数据处理与常规地面三维激光扫描数据处理相同，数据处理得到的唐含光门遗址点云模型如图 5-12 所示。

（a）   （b）

图 5-12　西安唐含光门遗址点云模型
（a）整体；（b）局部

4. 成果及分析

对数据处理得到的点云数据进行测量分析，可得到西安唐含光门遗址城门结构的裂缝情况，如图 5-13 所示。利用永久控制点将不同时期扫描点云数据统一至同一个坐标系，并进行对比分析，得到西安唐含光门遗址城门结构的三维变形，如图 5-14 所示，图中正

 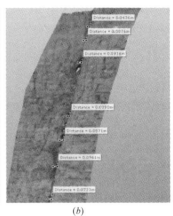

（a）   （b）

图 5-13　西安唐含光门遗址城门结构裂纹分析
（a）整体；（b）局部

 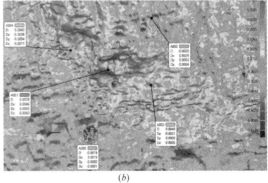

（a）   （b）

图 5-14　西安唐含光门遗址城门结构变形
（a）整体；（b）局部

值表征向外凸出，负值表征向里凹进。通过不同时期裂纹和变形分析，可了解遗址的风化情况，为遗址的保护提供参考。

案例编写人：张世武（上海奥研信息科技有限公司）

　　　　　　王念（上海奥研信息科技有限公司）

5.3.3　非建筑类三维变形监测及安全预测

【案例 5-4】　四川唐家山堰塞湖边坡

1. 项目概况

四川唐家山堰塞湖边坡位于四川省北川羌族自治县境内，2008 年 5 月 12 日发生的汶川大地震造成唐家山大量山体崩塌，震后形成巨大的堰塞湖。堰塞湖坝体长为 803m，宽为 611m，高为 82.7～124.4m，约 2037 万 m^3。2018 年 6 月 10 日 1 时 30 分唐家山堰塞湖储水量达到最高水位 743.1m，最大库容 3.2 亿 m^3，为汶川大地震形成的 34 处堰塞湖中最危险的一座。

由于唐家山堰塞湖右岸地震形成的高陡边坡（图 5-15）随时存在再次崩塌的风险，因此扫描目的是监测边坡的变形情况。扫描难点是边坡随时存在崩塌的风险而导致测站难以布设。

图 5-15　四川唐家山堰塞湖边坡概况

2. 数据采集

数据采集设备采用 Optech ILRIS-3D 三维激光扫描系统和全站仪，三维激光扫描系统技术参数如表 5-4 所示。采用三维扫描系统对四川唐家山堰塞湖右岸高边坡Ⅰ区、Ⅱ区和Ⅲ区进行扫描，如图 5-16 所示，扫描过程通过全站仪采集特征点数据坐标。

三维扫描仪参数（Optech ILRIS-3D）							表 5-4

型号	测距原理	最大测速 （kHZ）	测距范围 （m）	视场角 （°）	角分辨率 （°）	精度 （Ymm@Xm）	其他
Optech IKRIS-3D	脉冲式	2.5～3.5	3～1700	H：360； V：40×40	0.000745	7@100	详细见 表 2-4

3. 数据处理

数据处理软件采用 Poly Works 和偏差分析软件，数据处理主要包括点云数据处理和点云对比分析等步骤。

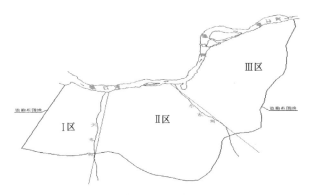

图 5-16 四川唐家山堰塞湖边坡扫描范围

4. 成果及分析

通过将不同期间工程坐标系的点云进行配准、比较分析，可快速获取四川唐家山堰塞湖边坡大面积三维变形数据，如图 5-17 所示。三维变形云图给出了边坡变形区和稳定区，可预测边坡的安全状态，三维变形数据为边坡治理方案的制定提供可靠的支撑。

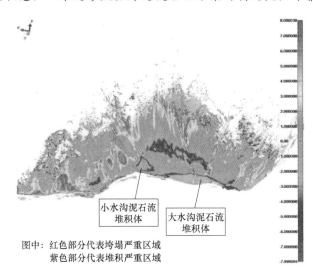

图中：红色部分代表垮塌严重区域
紫色部分代表堆积严重区域

图 5-17 四川唐家山堰塞湖边坡三维变形（单位：m）

案例编写人：谢北成（中国电建集团成都勘测设计研究院有限公司）
陈尚云（中国电建集团成都勘测设计研究院有限公司）
程丽娟（中国电建集团成都勘测设计研究院有限公司）

5.3.4 大型科学试验变形监测

【案例 5-5】国家 973 高铁路基稳定性试验

1. 项目概况

国家 973 高铁路基稳定性试验为国家 973 项目"高速铁路软土路基长期运营沉降与环境振动控制"中复杂环境条件下高铁路基长期动力稳定性试验的重要组成部分，扫描目的是监测动荷载和降雨耦合作用路基三维变形，扫描路基的长为 4m、宽为 1.45m、高为 2m。

2. 数据采集

三维扫描数据采集设备采用 Z+F Imager 5010 三维激光扫描仪（性能参数见表 5-5）。扫描主要流程与地面三维激光扫描流程相同。针对动荷载作业前、作用后、降雨前、降雨过程和降雨后等试验条件，进行三维扫描，扫描测站为 1 个固定测站，如图 5-18 所示。

三维扫描仪参数（Z+F imager 5010）　　　　　　　　　　　表 5-5

型号	测距原理	最大测速 （万点/s）	测距范围 （m）	视场角 （°）	角分辨率 （°）	精度 （Ymm@Xm）	其他
Z+F Imager 5010	相位式	101.6	0.3～187.3	H：360 V：320	H：0.0004 V：0.0002	1@50 线性	详细见 表 2-4

(a)　　　　　　　　　　　　　　　　　(b)

图 5-18　国家 973 高铁路基稳定性试验扫描方案

(a) 试验装置；(b) 现场扫描

3. 数据处理

数据处理软件采用 Z+F Laser Control、JRC 3D Reconstructor 和 Geomagic Control CAD 等，前两者用于点云数据处理，后者用于变形分析。

4. 成果及分析

通过数据处理得到国家 973 高铁路基稳定性试验路基的点云如图 5-19 所示。图 5-20

(a)　　　　　　　　　　(b)　　　　　　　　　　(c)

图 5-19　国家 973 高铁路基稳定性试验路基点云

(a) 路基实体；(b) 降雨前；(c) 降雨后

为稳定性试验路基三维变形，由图可见，动荷载和降雨耦合作用路基的最大变形为28.3mm，位于坡顶局部，负向变形平均值为11mm，正向变形平均值为12mm；图5-21为不同剖面稳定性试验路基变形，不同剖面变形最大值分布不同。

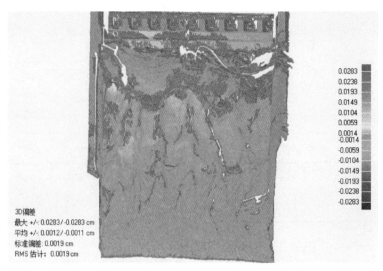

图5-20　国家973高铁路基稳定性试验路基三维变形（单位：m）

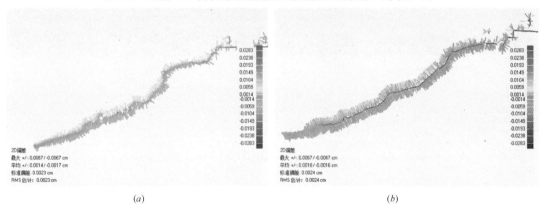

| (a) | (b) |

图5-21　国家973高铁路基稳定性试验路基二维变形（单位：m）
（a）中部剖面；（b）左侧剖面

案例编写人：左自波（上海建工集团股份有限公司）
　　　　　　张璐璐（上海交通大学）
　　　　　　陈东（上海建工集团股份有限公司）

【案例5-6】　钢结构挠曲线监测试验

1. 项目概况

试验项目位于清华大学土木工程系，试验钢结构构件长度为1.6～2.0m，构件为焊接工字型钢柱构件[143]。三维扫描的目的是获取具有缺陷的工字钢构件通过预应力碳纤维增强复合材料（PS CFRP）加固前后的挠度，以评价加固效果。扫描难点是完整地、高精度地测量获取小型构件的挠度变化。

2. 数据采集

三维扫描数据采集设备采用天远 FreeScan X3 手持式三维激光扫描仪（性能参数见表 5-6）。扫描流程是首先在构件表面粘贴反光标记点，然后自一端向另一端扫描。工字形钢柱构件及扫描设备实物如图 5-22 所示。

三维扫描仪参数（FreeScan X3）   表 5-6

型号	最大测速（万点/s）	测距范围（m）	精度（Ymm@Xm）	激光等级	稳定性温度/防护等级（℃）/（IP）	重量（kg）	内置相机（万像素）
天远 FreeScan X3	24	0.1~6	0.1@1 线性	Class2	-10~40℃	0.95	8000

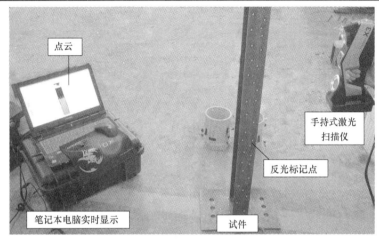

图 5-22 工字形钢柱构件及扫描设备实物

3. 数据处理

针对工程中常见的长条形构件的几何特点，设计了相应的点云处理算法，并采用 PCL＋QT＋VTK，编写数据处理软件（图 5-23）。软件包括以下流程及功能（图 5-24）：

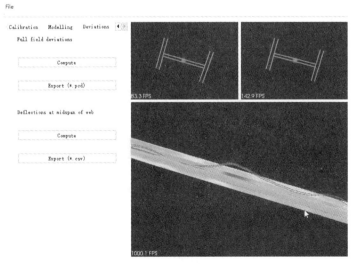

图 5-23 数据处理软件

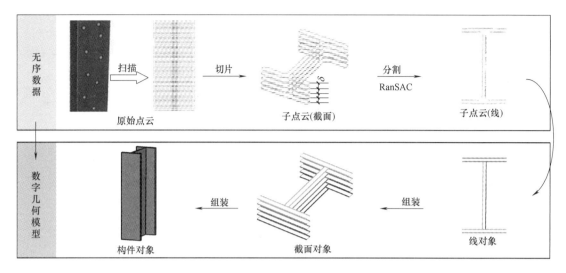

图 5-24　钢结构挠曲线监测试验数据处理流程

（1）校准构件点云坐标轴；

（2）沿轴向切片构件点云，获得截面点云；

（3）应用 RanSaC 算法，结合几何位置关系分析，将截面点云分割为几何元素；

（4）按照几何元素、截面、构件三个层次重新组装，获得构件数字几何模型；

（5）根据需要，从数字几何模型中获得全场几何缺陷，特定区域几何缺陷分布等信息；

（6）获取构件的挠曲线。

4. 成果及分析

基于三维点云数据得到数字模型，并进行偏差分析，得到焊接工字形钢构件的三维变形，如图 5-25 所示。沿着构件弱轴方向，绘制具有缺陷的工字型钢柱构件钢通过预应力碳纤维增强复合材料（PS CFRP）加固前后的挠度分布，如图 5-26 所示，图中 L 为钢结构长度，单位为 mm，e 为挠度，单位为 mm。通过对预应力碳纤维增强复合材料加固缺陷钢柱构件前后的测量结果分析，结果表明，该加固方法有效减小工字形钢柱构件弱轴的初始挠曲，证实了所采用加固方法的合理性。可见，三维扫描变形监测技术可用于钢结构挠曲线的监测与分析。

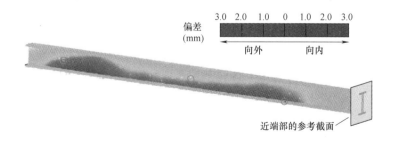

图 5-25　钢结构挠曲线监测试验三维变形

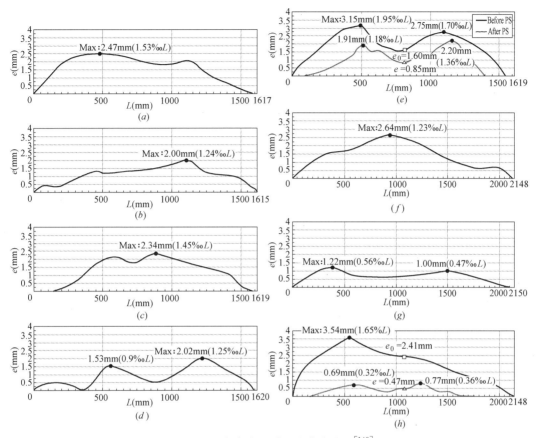

图5-26　钢构件加固前后挠曲线变化[143]

（a）I105-U-1；（b）I105-U-2；（c）I105-U-3；（d）I105-S；（e）I105-PS；
（f）I140-U；（g）I140-S；（h）I140-PS

案例编写人：冯鹏（清华大学）
　　　　　　邹奕翀（清华大学）

思考

1. 简述三维扫描变形监测的要点。

2. 简述三维扫描变形监测应用注意事项。

3. 简述三维扫描变形监测的应用场景。

参 考 文 献

[1] Ehm M. , Hesse C. Use of 3D Laser Scanning for Capture of Buildings-Building Information Modeling (BIM) [J]. Bautechnik, 2014, (91): 244-255.

[2] Al-kheder S. , Al-shawabkeh Y. , Haala N. Developing a documentation system for desert palaces in Jordan using 3D laser scanning and digital photogrammetry [J]. Journal of Archaeological Science, 2009, (36): 537-546.

[3] Israel M. C. , Pileggi R. G. Use of 3D laser scanning for flatness and volumetric analysis of mortar in facades [J]. IBRACON Structures and Materials Journal, 2016, 9 (1): 91-106.

[4] 李小飞,李赟,张林等. 基于三维激光扫描的 BIM 技术在上海世茂深坑酒店方案优化中的应用 [J]. 施工技术, 2015, 44 (19): 30-33.

[5] 邢汉发,高志国,吕磊. 三维激光扫描技术在城市建筑竣工测量中的应用 [J]. 工程勘察,2014, (5): 52-57.

[6] 何秉顺,赵进勇,王力等. 三维激光扫描技术在堰塞湖地形快速测量中的应用 [J]. 防灾减灾工程学报,2008, 28 (3): 394-398.

[7] Dorninger P. , Pfeifer N. A comprehensive automated 3D approach for building extraction, reconstruction, and regularization from airborne laser scanning point clouds [J]. Sensors, 2008, (8): 7323-7341.

[8] Zhu L. L. , Hyyppa Z. The Use of Airborne and Mobile Laser Scanning for Modeling Railway Environments in 3D [J]. Remote Sensing, 2014, (6): 3075-3100.

[9] Yang M. Y. , Cao Y. P. , McDonald J. Fusion of camera images and laser scans for wide baseline 3D scene alignment in urban environments [J]. ISPRS Journal of Photogrammetry and Remote Sensing, 2011, (66): S52-S61.

[10] Emam S. M. , Khatibi S. , Khalili K. Improving the accuracy of laser scanning for 3D model reconstruction using dithering technique [J]. Procedia Technology, 2014, (12): 353-358.

[11] Yuan L. , Herman K. R. Laser Scanning Holographic Lithography for Flexible 3D Fabrication of Multi-Scale Integrated Nano-structures and Optical Biosensors [J]. Scientific Reports, 2016, (6): 2229401-2229415.

[12] Du J. C. , Teng H. C. 3D laser scanning and GPS technology for landslide earthwork volume estimation [J]. Automation in Construction, 2007, (16): 657-663.

[13] 董秀军,黄润秋. 三维激光扫描技术在高陡边坡地质调查中的应用 [J]. 岩石力学与工程学报,2006, 25 (supp. 2): 3629-3634.

[14] Son H. , Kim C. M. , Kim C. W. 3D reconstruction of as-built industrial instrumentation models from laser-scan data and a 3D CAD database based on prior knowledge [J]. Automation in Construction, 2015, (49): 193-200.

[15] Kim M. K. , Cheng J. C. P. , Sohn H. , Chang C. C. A framework for dimensional and surface quality assessment of precast concrete elements using BIM and 3D laser scanning [J]. Automation in Construction, 2015, (49): 225-238.

[16] Yang H. , Xu X. Y. , Neumann I. The benefit of 3D laser scanning technology in the generation and calibration of FEM models for health assessment of concrete structures [J]. sensors, 2014, (14): 21889-21904.

[17] Bosche F. , Haas C. T. , Akinci B. Automated recognition of 3D CAD objects in site laser scans for project 3d status visualization and performance control [J]. Journal of Computing in Civil Engineering, 2009, 23 (6): 311-318.

[18] Schueremans L. , VanGenechten B. The use of 3D-laser scanning in assessing the safety of masonry vaults-A case study on the church of Saint-Jacobs [J]. Optics and Lasers in Engineering, 2009, (47): 329-335.

[19] Bosché F. Plane-based registration of construction laser scans with 3D/4D building models [J]. Advanced Engineering Informatics, 2012, (26): 90-102.

[20] Qin R. J. , Gruen A. 3D change detection at street level using mobile laser scanning point clouds and terrestrial images [J]. ISPRS Journal of Photogrammetry and Remote Sensing, 2014, (90): 23-25.

[21] Yoon J. S. , Sagong M, Lee J. S. , Lee K. S. Feature extraction of a concrete tunnel liner from 3D laser scanning data [J]. NDT&E International, 2009, (42): 97-105.

［22］ 胡超，周宜红，赵春菊等. 基于三维激光扫描数据的边坡开挖质量评价方法研究［J］. 岩石力学与工程学报，2014，33（supp. 2）：3979-3984.

［23］ Lee S. H., Ha T. Evaluation of Building Movement Using 3D Laser Scanning［C］. Shanghai：CTBUH 9th World Congress，2012.

［24］ 汤羽扬，杜博怡，丁延辉. 三维激光扫描数据在文物建筑保护中应用的探讨［J］. 北京建筑工程学院学报，2011，27（4）：1-6.

［25］ 赵华英，叶红华，陈陟等. 保利大厦基坑5D监测中的新兴呈现（Emerging）技术［J］. 土木建筑工程信息技术，2014，（4）：36-41.

［26］ Monserrat O., Crosetto M. Deformation measurement using terrestrial laser scanning data and least squares 3D surface matching［J］. ISPRS Journal of Photogrammetry & Remote Sensing，2008，（63）：142-154.

［27］ 谢雄耀，卢晓智，田海洋等. 基于地面三维激光扫描技术的隧道全断面变形测量方法［J］. 岩石力学与工程学报，2013，32（11）：2214-2224.

［28］ 陈红权，郭威. 三维激光扫描技术在桥梁形变监测中的应用［J］. 现代测绘，2016，39（1）：36-39.

［29］ 王举，张成才. 基于三维激光扫描技术的土石坝变形监测方法研究［J］. 岩土工程学报，2014，36（12）：2345-2350.

［30］ Brell M., Segl K., Guanter L., et al. 3D hyperspectral point cloud generation：Fusing airborne laser scanning and hyperspectral imaging sensors for improved object-based information extraction［J］. ISPRS journal of photogrammetry and remote sensing，2019，149：200-214.

［31］ Huang H., Brenner C., Sester M. A generative statistical approach to automatic 3D building roof reconstruction from laser scanning data［J］. ISPRS Journal of Photogrammetry and Remote Sensing，2013，（79）：29-43.

［32］ Ergun B. A novel 3D geometric object filtering function for application in indoor area with terrestrial laser scanning data［J］. Optics & Laser Technology，2010，（42）：799-804.

［33］ Jung J., Kim J., Yoon S., et al. Bore-Sight Calibration of Multiple Laser Range Finders for Kinematic 3D Laser Scanning Systems［J］. Sensors，2015，（15）：10292-10314.

［34］ Lee J. D., Han S. H., Lee J. B. Utilizing 3D laser scanning technology for remodeling work of building inside［J］. International Journal of Contents，2009，5（3）：19-23.

［35］ Zhu L. L., Lehtomäki M., Hyyppä J., et al. Automated 3D scene reconstruction from open geospatial data sources：airborne laser scanning and a 2D topographic database［J］. Remote Sensing，2015，（7）：6710-6740.

［36］ Ouyang W., Xu B., Haala N. Pavement cracking measurements using 3D laser-scan images［J］. Meas. Sci. Technol.，2013，（24）：1-9.

［37］ Lee J., Son H., Kim C. M., Kim C. W. Skeleton-based 3D reconstruction of as-built pipelines from laser-scan data［J］. Automation in Construction，2013，（35）：199-207.

［38］ Urcia A., Zambruno S., Vazzana A., et al. Prototyping an Egyptian revival. Laser scanning，3D prints and sculpture to support the Echoes of Egypt exhibition［J］. Archeologia e Calcolatori，2018，29：317-332.

［39］ Guan H., Li J., Yu Y., et al. Using mobile laser scanning data for automated extraction of road markings［J］. ISPRS Journal of Photogrammetry and Remote Sensing，2014，87：93-107.

［40］ Gui R., Xu X., Zhang D., et al. A component decomposition model for 3D laser scanning pavement data based on high-pass filtering and sparse analysis［J］. Sensors，2018，18（7）：2294.

［41］ Xie L., Zhu Q., Hu H., et al. Hierarchical regularization of building boundaries in noisy aerial laser scanning and photogrammetric point clouds［J］. Remote Sensing，2018，10（12）：1996.

［42］ Liu J., Zhang Q., Wu J., et al. Dimensional accuracy and structural performance assessment of spatial structure components using 3D laser scanning［J］. Automation in Construction，2018，96：324-336.

［43］ Wang X., Xie Z., Wang K., et al. Research on a handheld 3D laser scanning system for measuring large-sized objects［J］. Sensors，2018，18（10）：3567.

［44］ Moon D., Chung S., Kwon S., et al. Comparison and utilization of point cloud generated from photogrammetry and laser scanning：3D world model for smart heavy equipment planning［J］. Automation in Construction，2019，

98：322-331.

[45] Maruyama T., Kanai S., Date H.. Tripping risk evaluation system based on human behavior simulation in laser-scanned 3D as-is environments [J]. Automation in Construction，2018，85：193-208.

[46] Li J., Yang B., Cong Y., et al. 3D Forest Mapping Using a low-cost UAV laser scanning system：investigation and comparison [J]. Remote Sensing，2019，11（6）：717.

[47] Wang Y., Zhang D., Hu Y. Z.. Laboratory investigation of the effect of injection rate on hydraulic fracturing performance in artificial transversely laminated rock using 3D laser scanning [J]. Geotechnical and Geological Engineering，2019，37（3）：2121-2133.

[48] Bosché F. Automated recognition of 3D CAD model objects in laser scans and calculation of as-built dimensions for dimensional compliance control in construction [J]. Advanced Engineering Informatics，2010，（24）：107-118.

[49] Zhang D., Zou Q., Lin H., et al. Automatic pavement defect detection using 3D laser profiling technology [J]. Automation in Construction，2018，96：350-365.

[50] Yoon S., Wang Q., Sohn H.. Optimal placement of precast bridge deck slabs with respect to precast girders using 3D laser scanning [J]. Automation in construction，2018，86：81-98.

[51] Fanos A. M., Pradhan B.. A novel rockfall hazard assessment using laser scanning data and 3D modelling in GIS [J]. Catena，2019，172：435-450.

[52] Lou Y., Zhang T., Tang J., et al. A Fast Algorithm for Rail Extraction Using Mobile Laser Scanning Data [J]. Remote Sensing，2018，10（12）：1998.

[53] Elseberg J., Borrmann D., Nüchter A. Algorithmic solutions for computing precise maximum likelihood 3D point clouds from mobile laser scanning platforms [J]. Remote Sensing，2013，（5）：5871-5906.

[54] Abed F. M., Mills J. P., Miller P. E. Calibrated full-waveform airborne laser scanning for 3D object segmentation [J]. remote sensing，2014，（6）：4109-4132.

[55] Sun Y. B., Zheng X. Q., Jia Z. R., Wang H. R. Design and implementation of multi-sensor integrated 3D laser scanning data acquisition system [J]. AASRI Procedia，2013，（5）：106-113.

[56] Lagüela S., Martínez J., Martínez J., Arias A. Energy efficiency studies through 3D laser scanning and thermographic technologies [J]. Energy and Buildings，2011，（43）：1216-1221.

[57] Elseberg J., Borrmann D., Nüchter A. One billion points in the cloud-an octree for efficient processing of 3D laser scans [J]. ISPRS Journal of Photogrammetry and Remote Sensing，2013，（76）：76-78.

[58] Nurunnabi A., West G., Belton D. Outlier detection and robust normal-curvature estimation in mobile laser scanning 3D point cloud data [J]. Pattern Recognition，2015，（48）：1404-1419.

[59] Elberink S. O., Vosselman G. Quality analysis on 3D building models reconstructed from airborne laser scanning data [J]. ISPRS Journal of Photogrammetry and Remote Sensing，2011，（66）：157-165.

[60] Holz D., Behnke S. Registration of non-uniform density 3D laser scans for mapping with micro aerial vehicles [J]. Robotics and Autonomous Systems，2015，（74）：318-330.

[61] Yang B. S., Fang L. N., Li J. Semi-automated extraction and delineation of 3D roads of street scene from mobile laser scanning point clouds [J]. ISPRS Journal of Photogrammetry and Remote Sensing，2013，（79）：80-93.

[62] Deliormanli A. H., Maerz N. H., Otoo J. Using terrestrial 3D laser scanning and optical methods to determine orientations of discontinuities at a granite quarry [J]. International Journal of Rock Mechanics & Mining Sciences，2014，（66）：41-48.

[63] 戴俊杰，胡平昌，郭震冬，等. 基于三维激光扫描技术的地下建筑物测量方法研究 [C]. 江苏：第十五届华东六省一市测绘学会学术交流会，2012.

[64] 张俊. 激光三维扫描技术在既有建筑测量中的应用 [J]. 工业建筑，2012，43（supp.）：288-293.

[65] 姚宏，姚娜，刘迎新，姜胜虎. 青岛世园会植物馆幕墙工程三维激光扫描技术 [J]. 施工技术，2013，42（21）：103-105.

[66] 陈勇，郭震冬，许盛. 三维激光扫描技术在地下空间设施普查测量中的方法研究 [J]. 现代测绘，2015，38（2）：16-18.

[67] 杨欢庆. 三维激光扫描技术在地下探测中的应用研究 [J]. 中国市政工程，2013，(1)：74-79.

[68] 白成军，吴葱. 文物建筑测绘中三维激光扫描技术的核心问题研究 [J]. 测绘通报，2012，(1)：36-38.

[69] 罗周全，罗贞焱，徐海等. 采空区激光扫描信息三维可视化集成系统开发关键技术 [J]. 中南大学学报（自然科学版），2014，45 (11)：3930-3935.

[70] 张鸿飞，程效军，王峰. 激光扫描技术在建筑数字化中的应用 [J]. 地理空间信息，2011，9 (3)：86-88.

[71] 李滨. 徕卡三维激光扫描系统在文物保护领域的应用 [J]. 测绘通报，2008，(6)：72-73.

[72] 周华伟，朱大明，瞿华蓥. 三维激光扫描技术与 GIS 在古建筑保护中的应用 [J]. 工程勘察，2011，(6)：73-77.

[73] 杨蔚青，李永强，王阁，白丁. 三维激光扫描技术在土遗址保护中的应用 [J]. 中原文物，2012，(4)：98-101.

[74] 丁延辉，邱冬炜，王凤利，杨锐. 基于地面三维激光扫描数据的建筑物三维模型重建 [J]. 测绘通报，2010，(3)：55-57.

[75] Nguyen T. H.，刘修国，王红平等. 基于激光扫描技术的三维模型重建 [J]. 激光与光电子学进展，2011，(48)：0812011-0812016.

[76] 路兴昌，宫辉力，赵文吉等. 基于激光扫描数据的三维可视化建模 [J]. 系统仿真学报，2007，19 (7)：1624-1629.

[77] 李博超，龙四春. 基于三维激光扫描的大型建筑物重构 [J]. 湖南科技大学学报（自然科学版），2015，30 (3)：57-61.

[78] 刘旭春，丁延辉. 三维激光扫描技术在古建筑保护中的应用 [J]. 测绘工程，2006，15 (1)：48-49.

[79] 潘建刚. 基于激光扫描数据的三维重建关键技术研究 [D]. 北京：首都师范大学，2005.

[80] 钱海，马小军，包仁标，徐胜. 基于三维激光扫描和 BIM 的构件缺陷检测技术 [J]. 计算机测量与控制，2016，24 (2)：14-17.

[81] 游志诚，王亮清，杨艳霞，石长柏. 基于三维激光扫描技术的结构面抗剪强度参数各向异性研究 [J]. 岩石力学与工程学报，2014，33 (supp. 1)：3003-3008.

[82] 龙玺，钟约先，李仁举，由志福. 结构光三维扫描测量的三维拼接技术 [J]. 清华大学学报（自然科学版），2002，42 (4)：477-480.

[83] 周克勤，吴志群. 三维激光扫描技术在特异型建筑构件检测中的应用探讨 [J]. 测绘通报，2011，(8)：42-44.

[84] 左自波，黄玉林，周虹，杨佳林，武大伟. 基于 3D 激光扫描的建筑预制构件质量检测系统 [P]. ZL201621118267. 1.

[85] 龚剑，左自波，黄玉林，周虹，夏巨伟. 基于 3D 扫描的超高层建筑施工偏差数字化检验系统及方法 [P]. 201710522901. 0.

[86] 蔡来良，吴侃，张舒. 点云平面拟合在三维激光扫描仪变形监测中的应用 [J]. 测绘科学，2010，35 (5)：231-232.

[87] 刘洁，李仁忠，王昌翰. 基于地面激光扫描技术的高层建筑变形监测 [C]. 北京：中国测绘学会第九次全国会员代表大会暨学会成立 50 周年纪念大会论文集，2009.

[88] 李仁忠，刘洁. 三维激光扫描技术在高层建筑变形监测中的应用 [J]. 重庆建筑，2010，9 (10)：42-45.

[89] 吴侃，黄承亮，陈冉丽. 三维激光扫描技术在建筑物变形监测的应用 [J]. 辽宁工程技术大学学报（自然科学版），2011，30 (2)：205-208.

[90] 陈致富，陈德立，杨建学. 三维激光扫描技术在基坑变形监测中的应用 [J]. 岩土工程学报，2012，34 (supp.)：557-559.

[91] 葛纪坤，王升阳. 三维激光扫描监测基坑变形分析 [J]. 测绘科学，2014，39 (7)：62-66.

[92] 陈凯，杨小聪，张达. 采空区三维激光扫描变形监测试验研究 [J]. 有色金属（矿山部分），2012，64 (5)：1-5.

[93] 张舒，吴侃，王响雷，李钢. 三维激光扫描技术在沉陷监测中应用问题探讨 [J]. 煤炭科学技术，2008，36 (11)：92-95.

[94] 马俊伟，唐辉明，胡新丽等. 三维激光扫描技术在滑坡物理模型试验中的应用 [J]. 岩土力学，2014，35 (5)：1495-1504.

[95] 徐进军，王海城，罗喻真等. 基于三维激光扫描的滑坡变形监测与数据处理 [J]. 岩土力学，2010，31 (7)：

2188-2191.

[96] 吴亮，杨晶，高悦，张丽军. 浅析三维激光扫描技术在地下洞库工程中的应用前景 [J]. 河北工程技术高等专科学校学报，2014，12（4）：42-46.

[97] Zuo Z. B., Gong J., Huang L. Y., Li R. S., Zhang L. L., Wang J. H. Application of 3D laser scanning and printing in geotechnical construction [C]. The 1st International Symposium on Soil Dynamics and Geotechnical Sustainability，August 7-9，2016，HKUST，Hong Kong. ISBN 978-988-14032-4-7.

[98] 龚剑，左自波，黄玉林，吴小建，陈峰军. 基于 3D 激光扫描的地下工程施工快速监测预测系统及方法 [P]. ZL201610891763. 9.

[99] 左自波，龚剑，吴小建，黄玉林，王建华. 地下工程施工和运营期监测的研究与应用进展 [J]. 地下空间与工程学报，2017，13（S1）：294-305.

[100] 戴升山，李田凤. 地面三维激光扫描技术的发展与应用前景 [J]. 现代测绘，2009，32（4）：11-15.

[101] 徐进军，余明辉，郑炎兵. 地面三维激光扫描仪应用综述 [J]. 工程勘察，2008，(12)：31-34.

[102] 张启福，孙现申. 三维激光扫描仪测量方法与前景展望 [J]. 北京测绘，2011，(1)：39-42.

[103] 刘春，张蕴灵，吴杭彬. 地面三维激光扫描仪的检校与精度评估 [J]. 工程勘察，2009，(11)：56-60.

[104] 徐源强，高井祥，王坚. 三维激光扫描技术 [J]. 测绘信息与工程，2010，35（4）：5-6.

[105] 马立广. 地面三维激光扫描测量技术研究 [D]. 武汉：武汉大学，2005.

[106] 梁玉斌. 面向建筑测绘的地面激光扫描模式识别方法研究 [D]. 武汉：武汉大学，2013.

[107] 董秀军. 三维激光扫描技术及其工程应用研究 [D]. 成都：成都理工大学，2007.

[108] 左自波，龚剑. 3D 激光扫描技术在土木工程中的应用研究 [J]. 建筑施工，2016，38（12）：1736-1739.

[109] Fayyad U. M., Piatetsky-Shapiro G. Smyth P. From data mining to knowledge discovery：an overview [J]. AI Magazine，1996，17（3）：1-36.

[110] Wu X. D., Zhang C. Q., Zhang S. C. Database classification for multi-database mining [J]. Information Systems，2005，(30)：71-88.

[111] 杨必胜，梁福逊，黄荣刚. 三维激光扫描点云数据处理研究进展、挑战与趋势 [J]. 测绘学报，2017，46（10）：1509-1516.

[112] 高井祥，王坚，李增科. 智能背景下测绘科技发展的几点思考 [J]. 武汉大学学报（信息科学版），2019，44（01）：55-61.

[113] 左自波，黄玉林，周虹，李荣帅，杜晓燕. 基于三维激光扫描和 3D 打印的建筑重建系统 [P]. ZL201621117348. X.

[114] 张会霞，朱文博. 三维激光扫描数据处理理论及应用 [M]. 北京：电子工业出版社，2012.

[115] CH/Z 3017 — 2015 地面三维激光扫描作业技术规程 [S]. 北京：测绘出版社，2016.

[116] Zoller ＋ Fröhlich GmbH. Z＋F IMAGER 5010C User Manual（V 2.1）[K]. Zoller ＋ Fröhlich GmbH，2013.

[117] NB/T 35109-2018 水电工程三维激光扫描测量规程 [S]. 北京：中国水利水电出版社，2018.

[118] 关丽，丁燕杰，张辉，冯学兵，谭向农，赵金玲. 面向数字城市建设的三维建模关键技术研究与应用 [J]. 测绘通报，2017（02）：90-94.

[119] 李永强，刘会云. 车载激光扫描数据处理技术 [M]. 北京：测绘出版社，2018.

[120] Zoller ＋ Fröhlich GmbH. Z＋F LaserControl Manual（V 8. 6）[K]. Zoller ＋ Fröhlich GmbH，2014.

[121] Geomagic，Inc. Geomagic Control（Version 2014）[K]. 3D Systems，Inc.，2014.

[122] TECHNODIGIT. 3DReshaper 2014（Version 2014）-Beginner's Guide [K]. Hexagon，2014.

[123] 陈东. 三维激光扫描快速拼接技术研究及应用 [J]. 建筑学研究前沿，2018（25）：424-427.

[124] 陈楚江，明洋，余绍淮，王丽圆. 公路工程三维激光扫描勘察设计 [M]. 北京：人民交通出版社有限公司，2018.

[125] 谢宏全，韩友美，陆波，孙美萍，张世武. 激光雷达测绘技术与应用 [M]. 武汉：武汉大学出版社，2018.

[126] 谢宏全. 地面三维激光扫描技术与工程应用 [M]. 武汉大学出版社，2013.

[127] 程效军，贾东峰. 海量点云数据处理理论与技术 [J]. 上海：同济大学出版社，2014.

[128] Becerik-gerber B., Jazizadeh F., Kavulya G., et al. Assessment of target types and layouts in 3D laser scanning

for registration accuracy ［J］. Automation in Construction，2011，20（5）：649-658.

［129］ Kang Z. Automatic registration of terrestrial point cloud using panoramic reflectance images ［C］XXI ISPRS Congress，Commission I-VIII，3-11 July 2008，Beijing，China. International Society for Photogrammetry and Remote Sensing，2008.

［130］ 杨必胜，李健平. 轻小型低成本无人机激光扫描系统研制与实践 ［J］. 武汉大学学报（信息科学版），2018，43（12）：1972-1978.

［131］ 卢秀山，刘如飞，田茂义等. 利用改进的数学形态法进行车载激光点云地面滤波 ［J］. 武汉大学学报（信息科学版），2014，39（05）：514-519.

［132］ 刘如飞，田茂义，许君一. 车载激光扫描数据中高速公路路面点滤波 ［J］. 武汉大学学报（信息科学版），2015，40（06）：751-755.

［133］ 刘如飞，卢秀山，岳国伟等. 一种车载激光点云数据中道路自动提取方法 ［J］. 武汉大学学报（信息科学版），2017，42（02）：250-256.

［134］ 王鹏，刘如飞，马新江等. 一种车载激光点云中杆目标自动提取方法 ［J/OL］. 武汉大学学报（信息科学版）. https：//doi. org/10. 13203/j. whugis20170421.

［135］ 马新江，刘如飞，蔡永宁等. 一种基于路缘特征的点云道路边界提取方法 ［J］. 遥感信息，2019，34（02）：80-85.

［136］ 卢秀山，刘如飞，田茂义等. 利用改进的数学形态法进行车载激光点云地面滤波 ［J］. 武汉大学学报（信息科学版），2014，39（05）：514-519.

［137］ Xiushan Lu，Chengkai Feng，Yue Ma，Fanlin Yang，Bo Shi，Dianpeng Su. Calibration method of rotation and displacement systematic errors for ship-borne mobile surveying systems ［J］. Survey Review，2019，51（364）：78-86.

［138］ 田茂义，王延存，俞家勇等. 机载激光测深系统与船载移动测量系统数据配准方法研究 ［J］. 激光与光电子学进展，2018，55（08）：18-25.

［139］ 宿殿鹏，阳凡林，冯成凯等. 船载多传感器一体化测量数据实时存储方法研究 ［J］. 大地测量与地球动力学，2018，38（06）：591-597.

［140］ 曹岳飞，高航. 船载移动测量在水库地形测绘中的应用探析 ［J］. 测绘与空间地理信息，2018，41（03）：57-60＋64.

［141］ 龚剑. 工程建设企业 BIM 应用指南 ［M］. 上海：同济大学出版社，2018.

［142］ Zuo Z. B.，Gong J.，Huang Y.，et al. Experimental research on transition from scale 3D printing to full-size printing in construction ［J］. Construction and Building Materials，2019，208：350-360.

［143］ Feng P.，Zou Y. C.，Hu L. L.，Liu T. Q. Use of 3D laser scanning on evaluating reduction of initial geometric imperfection of steel column with pre-stressed CFRP ［J］. Engineering Structures，2019，198：109527.

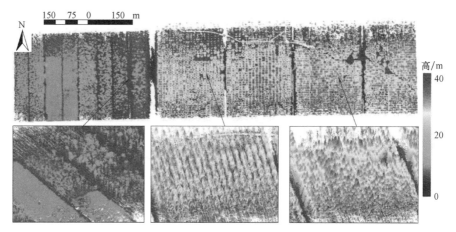

图 3-16　江苏盐城东台森林村庄点云模型

图 3-20　武汉某地下停车场点云模型

（a）三维视图；（b）局部俯视图

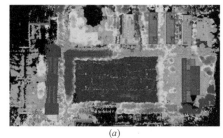
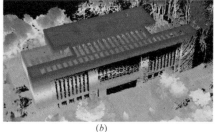

(a)　　　　　　　　　　　　　(b)

图 3-23　武汉大学信息学部三维环境场景模型

(a) 俯视图；(b) 局部三维视图

(a)　　　　　　　　　　　　　(b)

图 3-26　江苏新农村规划项目点云数据

(a) 三维视图 (b) 俯视图

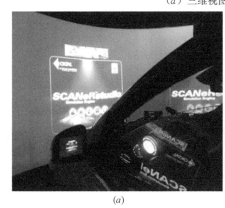

(a)　　　　　　　　　　　　　(b)

图 3-30　北京局部道路交通网场景重建及应用

(a) 驾驶舱全景；(b) 驾驶员对 EFL 交叉口适应性实验

(a)　　　　　　(b)　　　　　　(c)

图 3-33　上海外滩建筑群精细化数字模型（一）

(a) 外白渡桥；(b) 原教会公寓；(c) 上海电力协会

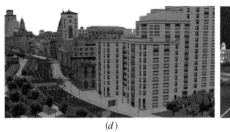

(d)

(e)

图 3-33　上海外滩建筑群精细化数字模型（二）

（d）建筑群；（e）建筑群（渲染后）

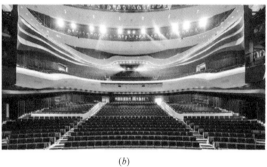

(a)

(b)

图 3-36　基于三维扫描的九棵树未来艺术中心木饰面加工及安装

（a）点云模型；（b）木饰面

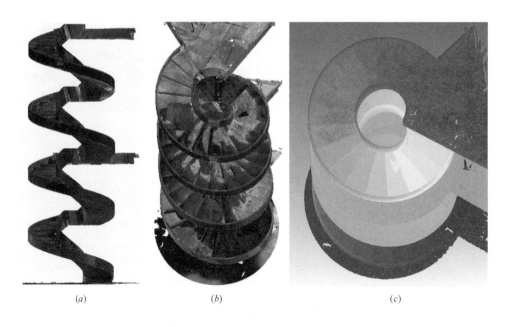

(a)

(b)

(c)

图 3-39　金砖国家银行总部大楼楼梯结构点云模型的应用

（a）正视图；（b）俯视图；（c）高程点云

(a) (b)

图 3-41 杭州环翠楼实景照片与点云模型的对比
（a）实景；（b）点云

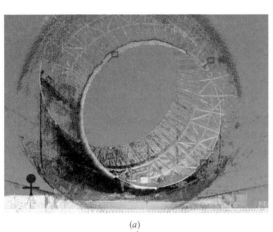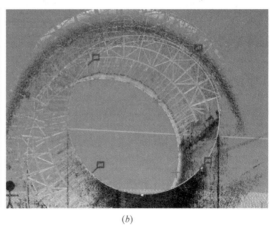

(a) (b)

图 3-48 安徽金寨雕塑 LED 显示屏安装放样点位
（a）南侧；（b）北侧

图 3-51 南昌长征大道三维点云模型

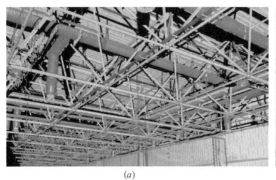

(a) (b)

图 3-54 上海车间网架项目点云数据

(a) 横向网架；(b) 纵向

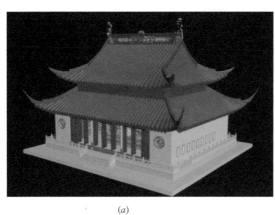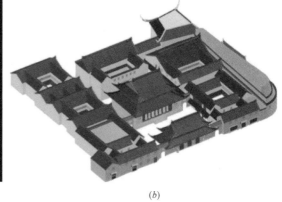

(a) (b)

图 3-60 上海玉佛寺三维数字模型

(a) 大雄宝殿整体模型；(b) 顶部及周围环境

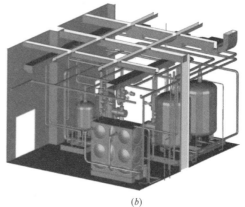

(a) (b)

图 3-65 瑞金医院质子中心能源中心数字模型

(a) 实景；(b) 数字模型

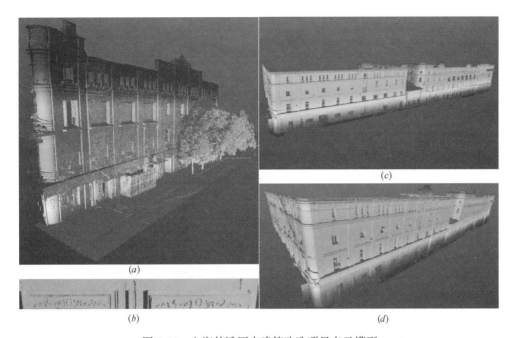

图 3-69　上海外滩历史建筑改造项目点云模型

（a）面向黄浦江侧；（b）面向黄浦江侧局部放大；（c）背向黄浦江侧；（d）背向黄浦江侧放大

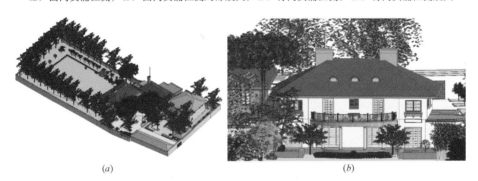

图 3-70　上海宋庆龄故居纪念馆 BIM 模型

（a）整体模型；（b）主楼模型

图 3-71　上海音乐厅数字模型

(a) (b)

图 3-76　成都金沙庵古建筑改造前三维数字模型

(a) 整体；(b) 局部

(a) (b)

图 3-81　谊建混凝土加工数字工厂不同施工期点云模型

(a) 初步成型；(b) 竣工

图 3-84　四川猴子岩水电站坝倾斜摄影实景三维模型

图 3-89 青兰高速公路山东段点云数据

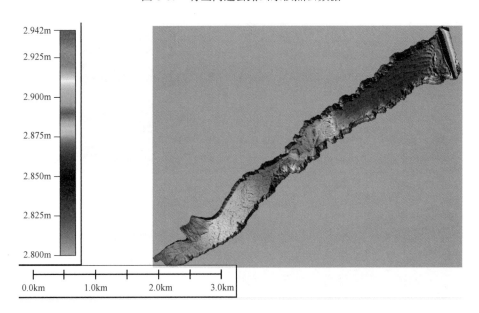

图 3-96 仁宗海水库电站水库三维数字模型

(a) (b)

图 3-100 上海西站运维数字模型

（a）候车大厅；（b）月台

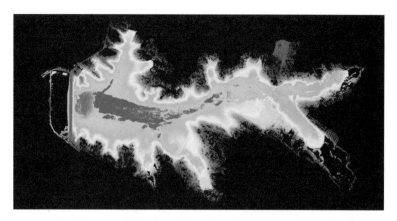

图 3-104　滕州市马河水库水上水下三维点云数据

(a)　　　　　　　　　　　　　　(b)

图 3-107　四川广安白塔点云数据

(a) 整体模型；(b) 局部模型

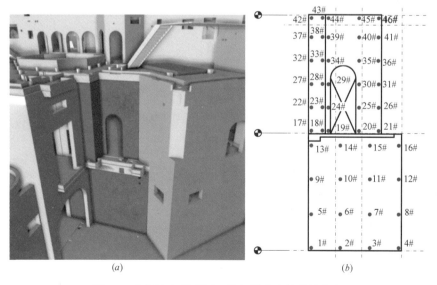

(a)　　　　　　　　　　　　　　(b)

图 4-4　上海迪士尼乐园三维扫描准确性校核方案

(a) 局部校核区域；(b) 立面校核点

(a)   (b)

图 4-9　复旦大学相辉堂设计与点云模型对比

(a) BIM 设计模型；(b) 点云模型

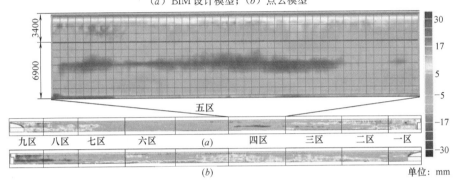

图 4-17　上海深水拖曳水池实验室内壁平整度偏差云图

(a) 南侧；(b) 北侧

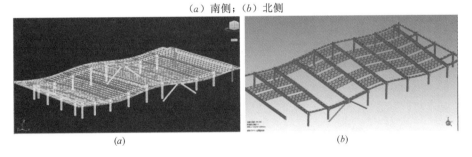

(a)   (b)

图 4-18　崇礼冬奥会滑雪副场馆钢结构设计与点云模型对比

(a) BIM 设计模型；(b) 点云模型

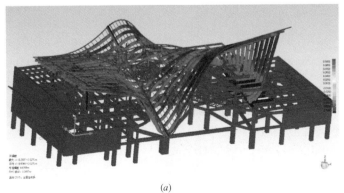

(a)

图 4-22　河北凤凰谷空间钢结构施工偏差（单位：m）（一）

(a) 三维偏差

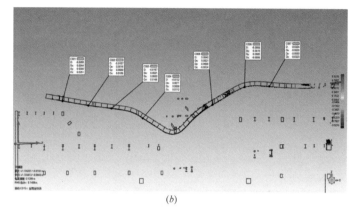

(b)

图 4-22　河北凤凰谷空间钢结构施工偏差（单位：m）（二）

（b）剖面偏差

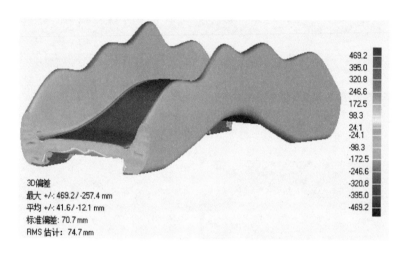

图 4-25　泉州 3D 打印景观桥打印施工三维偏差（单位：mm）

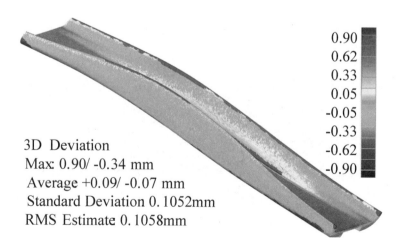

图 4-31　缩尺打印普陀 3D 打印景观桥三维偏差（单位：mm）

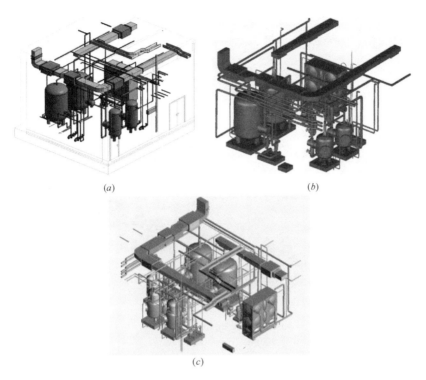

(a)   (b)

(c)

图 4-32   上海瑞金医院质子中心机电 BIM 设计模型与扫描模型的对比
(a) BIM 模型；(b) 扫描模型；(c) 模型匹配

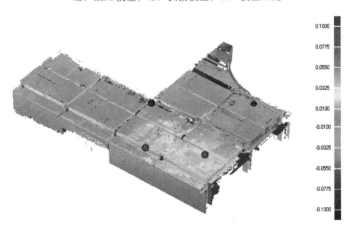

图 4-37   上海香樟花园施工三维偏差分析结果（单位：m）

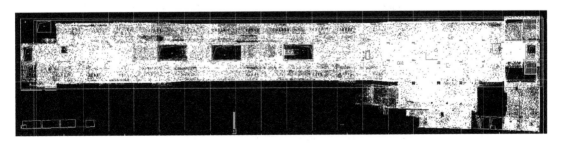

图 4-41   上海某轨道交通车站结构孔洞偏差

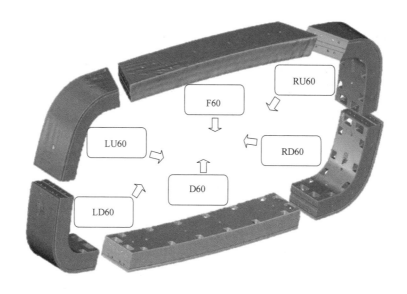

图 4-51 上海国家会展中心地下通道矩形盾构隧道单块衬砌虚拟拼装过程

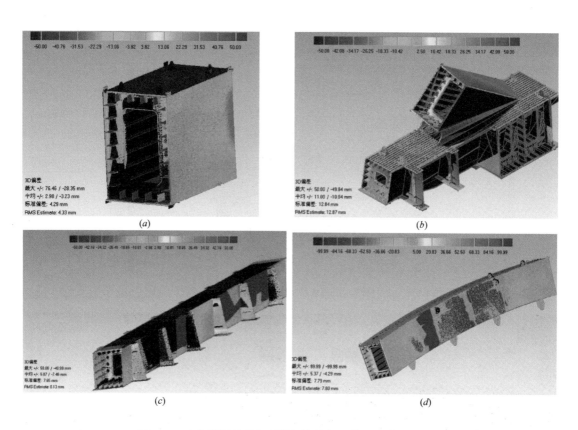

图 4-61 上海浦星公路钢桥梁钢构件加工偏差（单位：mm）

(a) C1；(b) GJA1；(c) XLA1；(d) ZGA1

204

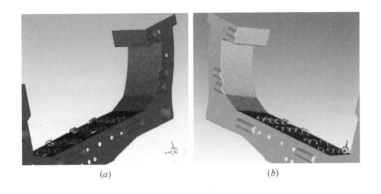

图 4-64　上海高架桥箱梁点云模型

(*a*) 箱梁凹面；(*b*) 箱梁凸面

图 4-68　城市街道三维变化检测试验结果

(*a*) 街道场景照片；(*b*) 点云模型；(*c*) 三维变化处理；
(*d*) 三维变化优化；(*e*) 三维变化；(*f*) 局部三维变化放大

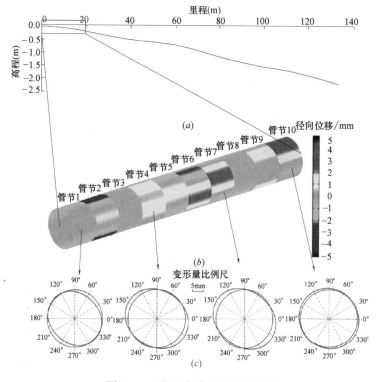

图 5-6 上海西藏路电力隧道变形

（a）纵断面图；（b）径向位移云图；（c）管节的横断面变形图

图 5-10 上海国家会展中心地下通道矩形盾构隧道变形

（a）三维视图；（b）俯视图

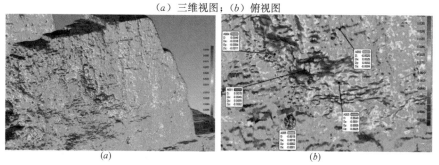

图 5-14 西安唐含光门遗址城门结构变形

（a）整体；（b）局部

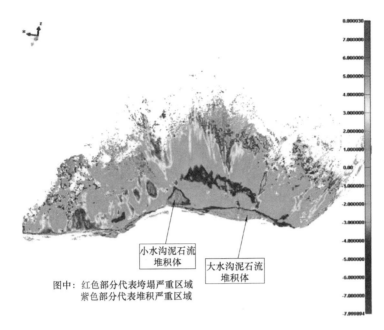

图中：红色部分代表垮塌严重区域
紫色部分代表堆积严重区域

图 5-17 四川唐家山堰塞湖边坡三维变形（单位：m）

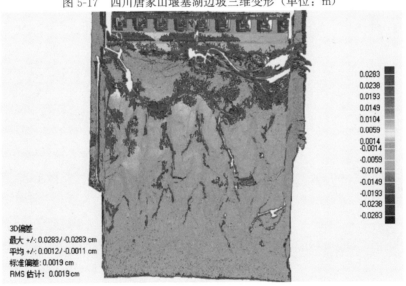

图 5-20 国家 973 高铁路基稳定性试验路基三维变形（单位：m）

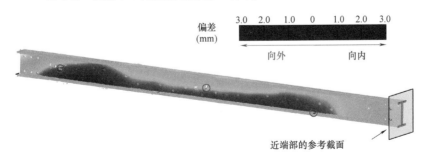

图 5-25 钢结构挠曲线监测试验三维变形